刻意观察

Psychology of Human Behavior

Psychology of Human Behavior

朱建国 著

中国友谊出版公司

前言

很多人都会有一些莫名其妙的举动，即使循规蹈矩的人，偶尔也会做出令人难以理解的事情。可以说，在正常人的世界里，时刻存在着怪诞行为。不仅如此，某些司空见惯的举动，我们习以为常，不以为怪，但如果稍作思考，就会恍然发现其怪异之处。为什么人们会见怪不怪呢？各种怪诞行为背后，到底是什么在起作用？

本书的任务，就是解答以上疑问。其实，生活中一些怪异、荒诞的言行，都是符合心理学规律的，并不是太难理解。本书搜集了我们普通人的各种怪诞言行及心理，涉及工作、生活、两性、人际交往、信仰、娱乐、消费等诸多方面，既包括不同的方面，也包括不同层次的问题。

人类几千年来，对于外部世界的认识已经很广泛和深入了，但对内心世界的了解还很有限。我们能够看清的部分，只是整个心理世界中极小的一部分；而且，很多自以为看清的部分，其实并非真相。真相与我们虚幻的认识之间的不和谐，催生了行为心理学。

我们这本书，知识性与趣味性并重。阅读本书，你会发现，很多貌似正常的事情，并不是看起来那样，而是别有意味。本书会帮我们打开一个全新的视角，发现生活中更多的真相。

《刻意观察》向我们描绘的世界，是一个让你感到意外的、离奇的世界，但它更真实。正如英国心理学家理查德·怀斯曼所说：“真相比虚构更离奇。”

··· 目录

△ 第一章 心理状态

你喜欢什么颜色？ · 002
为什么自己的心情自己做不了主？ · 006
没有空间界限会让人失控 · 008
心情不好，怎么办？ · 011
换发型真的就是换心情吗？ · 015
越不想发生的事越会发生——瓦伦达效应 · 017
坐电梯，大家都爱看数字 · 020

△ 第二章 恐 惧

为什么有的人天生怕蛇，有的人却更怕刀 · 028
为什么遇到意外的第一反应是僵立不动？ · 030
上班恐惧症 · 033
孤独和人际交往对某些人都很可怕 · 035
绝对安全时，也会恐高 · 039
恐惧的东西都不在眼前 · 042
消除恐惧的办法，就是接近恐惧 · 046

△ 第三章　感知觉（一）

眼睛是会骗人的　· 052
为什么字看久了会不认识？　· 054
不是手机在振动，而是你觉得它在动　· 056
为什么在鲍鱼之肆中久了，就闻不到腥味了？　· 059
“视而不见”和“充耳不闻”　· 061
你一定又产生了错觉　· 064

△ 第四章　感知觉（二）

UFO？多是一种错觉　· 068
为什么人人都觉得自己独一无二？　· 071
心灵感应真的存在吗？　· 074
“这个妹妹我曾见过的”　· 078
“一目十行”是什么道理？　· 081
可以不用度日如年　· 083

△ 第五章　梦境和潜意识

为什么人人都做梦？　· 088
梦游是怎么回事？　· 091
不是鬼压床，是“心压床”　· 094
小心！你可能在被催眠中　· 096
那些年的冤假错案　· 100

Δ 第六章　心理暗示

"事成"只因你"心想"　· 106
让笑容带动快乐的心　· 110
当你赞美的时候，你在干什么？　· 112
"安慰剂"安慰到你了吗？　· 115
"福无双至，祸不单行"是怎么回事？　· 119

Δ 第七章　压 力

"压力上瘾"是怎么回事？　· 126
为什么压力让人失控？　· 131
越说"什么都是浮云"，就越不是浮云　· 133
"捏捏族"永远捏不碎压力　· 135

Δ 第八章　负面体验

为什么人人都爱"幸灾乐祸"？　· 140
为什么得到的喜悦，难以抵消失去的痛苦？　· 142
"人生赢家"为何还抑郁？　· 145
"破罐子破摔"也有道理？　· 148
恐怖片越恐怖有人越爱看　· 152

△ 第九章　强迫心理

人人都有强迫症的“潜力”　· 156
怎么选择都不一定满意　· 159
对某些人喜新厌旧是一件好事　· 163
不美就觉得有罪　· 165
一尘不染了，还是要洗　· 169

△ 第十章　完美至上

爱情洁癖　· 174
完美主义者用拖延对抗焦虑　· 176
强者在于承认自己的不足　· 179

△ 第十一章　变态心理

每一个人都存在自恋心理　· 184
性变态的人因患有心理疾病　· 187
偷窃的动机不一定是钱财　· 190
“儿童控”，有可能是“儿童虐待癖”　· 192
成年了，却依然恋父、恋母　· 196

Δ 第十二章 从众心理

从众使你感觉安全 · 202
去个性化 · 204
三人成虎 · 207

Δ 第十三章 职场心理

是我们自己给周四下的魔咒 · 212
职场谨防过度攀比心理 · 214
员工跳槽，有一部分是管理者的原因 · 217

Δ 第十四章 消费心理

为什么人人都喜欢物美价廉的商品？ · 222
免费体验可能是陷阱 · 225
购买欲从何而起？ · 228
网购中更期待“福包” · 231
为什么越没有买到的东西越想买？ · 234
物稀不一定贵 · 238
“看走眼”背后的心理 · 241

第一章

心理状态

你喜欢什么颜色？

颜色似乎有某种微妙的力量，可以改变人的内心想法。以下是色彩心理学有意思的研究成果。

- 波利菲尔大桥是伦敦泰晤士河上的著名建筑。它原本是黑色的，一度成为自杀者的必选之地。英国议会决定把桥身漆成绿色，结果自杀者减半。

- 用餐时，我们会有意无意地避开蓝色、紫色或黑色的食物，这些颜色的食物会让人想起有毒或是腐败变质的东西。餐厅的桌椅也多是橙红色，少见黑色、白色或蓝色。

- 看到蓝色的车子就要当心追尾。因为蓝色属于冷色调，给人相对较远的感觉。看到蓝色车子时，你已经离它很近了。

- 保险柜大多是黑色的，因为黑色沉静，使人感觉安全系数比较高。

- 咖啡厅多用橙色的灯光，而不用青白色的荧光灯。因为橙色灯光和夕阳相似，有镇静的效果，荧光会使人头脑清醒，丧失趣味。

色彩因为其作用过程不可见而显得神秘。稍懂物理的人都知道，颜色的本质是一种能量波。不同的波长进入眼睛，产生不同的视神经反应，再给人不同的心理感受。既然是携带能量的，颜色就不仅以光线形式影响人体，也可以穿透衣服作用于人的皮肤。色彩无处不在，任何人都能从中吸收一定的能量。而人体本身也是一个能量体，两种能量相互作用，身体必然也会有所感应，比如体温和体液的细微变化。从这个角度说，盲人也可以感知颜色变化，只不过刺激十分微弱，大脑可能意识不到。

颜色给人的心理感受，也与经验有关。人在自然中生活，经常见到某一颜色的事物，就会把事物本身给人的感觉归因到这一颜色本身。我们看到红色想到火焰和血液，看到蓝色想到天空和海洋，看到绿色想到原野与田园。不同的色彩让人产生听觉、触觉、味觉等方面的不同联想，进而影响人的情绪。波利菲尔大桥原本是黑色的，让人感到压抑、严肃，而绿色让人感到轻松自然、生机勃勃。我们可以反利用颜色对心理的作用，来改善心情。比如，脾气暴躁的人可以把房间漆成蓝色或者绿色，舒缓紧张的情绪；郁郁寡欢、闷闷不乐的人在橙色、红色房间中，心情会愉悦很多。

色彩心理学将色彩分为红黄蓝绿，称为四原色。红和绿，黄和蓝，各是一对心理补色。心理补色是这样的：当你看着一个红色色块的时间超过 40 秒，再看空白处，会看到一个蓝色的色块；反过来，会看到红色色块。事实上，就算注视着一个单一色块，它的颜色也会变化。这其实都是能量在波动。颜色还可以带来更为剧烈的生理反应。在红色环境下，人的脉搏会加快，血压升高，情绪也比较激动。有研究显示，红色会使人心跳加速 17%，所以心脏病病人尤其要避开红色。而在蓝色环境中，人显得比较平静，脉搏平稳，血压正常。

颜色亦有冷暖之分。红、橙、黄属于暖色，令人兴奋愉快；绿、蓝、靛、紫等冷色则会使人心情趋向安静，也让人没有精神或忧伤。

不同颜色给人不同的距离感。人感觉红色近在眼前，而蓝色较远。

色彩让人产生时间错觉。日本色彩学家原田玲仁曾做过一个试验。他让同一批人分别进入蓝色系和红色系墙壁的房间，看在哪一种环境下人们先出来。结果红色房间的人 40 分钟就出来了，而蓝色房间的人用了 70 分钟。人在红色等鲜艳的颜色充斥下，会觉得时间变得特别慢，而蓝色相反。所以，我们很少看到有人在快餐店里面等人。

最能刺激食欲的，是红色与黄色。灰色让人没有食欲，而蓝色是最让人没有食欲的颜色。

对颜色的喜好，反映在一个人的性格上。喜欢绿色的人（可以称之为“绿色的人”，下同）往往社会意识比较强，态度认真，能与周围的人和睦相处，但警惕性非常高。红色富有激情和魅力，“红色的人”情绪起伏较大，动手比动脑子快。“蓝色的人”有很强的团队协调能力，为人也谦虚谨慎，但比较固执己见。黄色代表理性，“黄色的人”上进心强、喜欢新事物、讨厌一成不变，喜欢无拘无束，有点孩子气。白色给人冷冰冰的感觉，“白色的人”大都有单纯美好的向往，对恋爱和事业有很高的要求，并有完美主义倾向，也容易对人冷淡，所以特别容易孤独。“灰色的人”做事干练，知识丰富，总为别人着想，面对阻碍时能够冷静思考，但也容易陷入思维怪圈。“黑色的人”善于打动人心，能很好地处理各种局面，但也有逃避心态，害怕别人评论自己。粉色显得温柔，大多匹配女性。“粉色的人”通常有良好的家教，爱幻想，容易受到伤害。

我们应合理利用颜色，来指导更加健康舒适的生活和人际交往。睡眠不好的人卧室应多采用白色和淡蓝色，因为两者都具有催眠作用。身体疼痛时，多看看绿色，因为绿色可以缓解精神紧张和肉体上的疼痛。

为什么自己的心情自己做不了主?

人有时可以控制自己的心情，但有时自然环境也能决定人类的心情。

当我们听到“今天天气好晴朗……马蹄溅得落花香”的歌声时，也会被它带得欢快起来。当读到李贺的“黑云压城城欲摧，甲光向日金鳞开。角声满天秋色里，塞上燕脂凝夜紫”的诗句时，也会跟着升起肃杀、紧张之情。这还只是间接感受。当一个人身处秀丽的崇山峻岭之中，会驻足畅快呼吸，或者放声大喊。旅游是改善心情的好方法。

清新明朗的天空能给人带来好心情，是因为身体处在其中，感觉到无比舒服。天空的光线、温度、气味，都给身体以柔和的刺激，人体内的各种循环无比流畅，就会有愉悦的感受。阴天的时候，温度低、气压高、光线暗，人体的机体调节功能失调，容易出现烦躁、郁闷等消极情绪。

空气中的气味是影响人心情的一个重要因素。大自然运动不如人为产生的芳香或刺鼻气味多。淡淡的清香使人身心享受，臭、骚、膻等气味可能让人瞬间兴致全无，甚至出现身体反应，比如打喷嚏、呕吐、头晕。当一种好闻的气味过浓时，也可能令人反感，比如浓郁的香水味。

除了空气，环境也很重要。宽敞的地方使人更放松，更能接受各种信息。人们在宽敞的房子里比在狭小的房子里更容易彼此产生好感。这是美国环境心理学家格里菲特研究发现的。如果你想说服某人，最好选室外。开阔的场地给人一种心胸开阔的感觉，让人愿意敞开心扉，接受别人的意见。而且在户外，各种声音、色彩、气味的刺激很多，人的五官受到刺激，注意力就会分散。

人们喜欢接近晴空万里的大自然，这是在趋利避害，也是受原始的欲望驱动。希腊哲学家说，宇宙万物都有回归原始位置的欲望。所以，石头会滚下山崖，沉入大海；树叶最终回到泥土之中；人走得越远越久，越思念家乡。人是从自然中进化而来的，每一个细胞都是自然的赐予。当他接近大自然时，就会有回到母亲怀抱的安全感，心生愉悦，怡然自得。

几乎所有的生物都喜欢水。科学家发现，人类起源于海洋。人们亲近水，有在回归的意味。

有时候，人反而在阴雨天心情更开朗。此时，他是在寻求刺激。喜欢享受刺激的人，更钟爱狂风暴雨。但大多时候，或对大多数人而言，更喜欢风和日丽、晴朗的天气。虽然人类进化过程中，也有乌云密布、风雨交加、电闪雷鸣的时候，但相比风和日丽的天气而言，还是少的。所以人们更习惯于晴好的天气，身处其中会更愉悦。再者，在差天气里，人生病的概率会上升。

宽敞明亮、空气清新、鸟语花香或优美乐曲相伴的环境，还会让人暂时忘记生活的压力。人生而有压力，因为脱离了自然，得不到回归；为了跟随社会进步，人必须有各种行为，在没有成果之前，也一直有压力。此时，回归大自然，享受好天气，能让压力得到短时释放，自然就会快乐起来。

自然界中的人，心情会受到自然环境的影响，而心情又能带动人想法的变化。按照唯物主义的观点，人所有的心理活动都起止于神经反应，都有其生理机制。精神必须依托于物质，也许有一些心理现象还没有科学的解释，但它们不能脱离机体存在。自然环境的变化会影响机体，当然也会作用于人的心情。

没有空间界限会让人失控

经常开车堵在路上的人，可能会患上路怒症。路怒症的表现是：开车骂人，随意压线、超车、按喇叭。在车水马龙的旧金山，一天下班高峰，路上大堵车。堵的时间很长，突然有个人跳下车，拿出手枪一路射击过去，打死了12个无辜车主。这个人没有任何暴力行为的记录。

- 一早起来，精神抖擞地出门，却被车站几十个同路的人吓怕。当那辆熟悉的公交车缓缓开过来时，却发现车上的人比等车的人还多，而且前胸贴后背，好像整辆车都被压弯了。此时简直有点绝望。

- 街市上人来人往，当人被挤得行动不便时，人只想尽快离开，一点消费欲也没有了。

- 很多打人事件发生在嘈杂、拥挤的公共场所，比如车站、购物广场、公交车。

在拥挤的环境中，因为空气燥热、难以流动，人会眩晕、呼吸急促甚至窒息。再加上声音嘈杂和肢体触碰，于是人开始烦躁不安。时间越长，情况越严重，肾上腺素分泌量持续增加，最后人可能会精神崩溃，或行为失控，做出疯狂举动。

人在拥挤的环境中情绪爆发、行为失控的原因，可以细分为几个方面：第一就是拥挤。人人都渴望有一个单独的空间，这个空间只属于自己和亲密的人。当别人进入这个空间时，就是蓄意冒犯。

对拥挤恐惧的人，简直就不能身处人多的地方。第二，拥挤必然嘈杂。有人声，也有机器声。我们的耳朵自然难以接受噪声。人多就会声音大，再好听的声音，分贝过高都是噪声。即使是细微的、聚集起来也不至于太响的声音，人也无法承受。因为它会单一、持续地刺激耳朵。耳朵的接收能力有限，同时播放 10 首优美的音乐，人也要崩溃。第三是视觉刺激。和听觉一样，视觉的接收能力也是有限的。尤其当我们和亲朋好友一起忽然被冲散时，那就要大海捞针，不胜烦躁。第四是温度。冬天还好，可以暂时取暖，但时间一过，也会开始觉得恶心。第五，讲卫生的人都知道，人身上每时每刻都携带着多种细菌，处在人群之中，就可能会互相传播细菌。最后，有的人身体有小缺陷，害怕自己的丑态暴露在别人眼前。

我们是否会产生拥挤感，这要看我们的容忍度和心情。原本工作压力大，可能一进人群体就受不了。心态好的人会这样安慰自己：挤挤没有什么，人本来就多嘛，不挤就别办事了，一会儿就过去了。人在拥挤的环境中，容易暴露内心的丑态，有人就专门抓住这样的机会观察人性，积累素材。

女性在社会交往中有更高的合群动机，所以在近距离内有更大的亲和力。男性的竞争动机更强，因而和他人距离过近，可能激发其攻击性，也会产生消极情绪。

在西方人看来，一只手臂的距离，就是人与人之间最合适的距离，超过就是挑衅。

心情不好，怎么办?

当一个人处在悲伤情绪之中，他越是告诉自己“快点从悲伤之中走出来吧”，越是难以实现；为了一件事正在愤怒，告诫自己“千万要忍住，不要迁怒于人”，此时如果有人上前搭话，自己会无端地把火发在他身上；有人夸奖自己了，心里好高兴，但是提醒自己“不能露喜，那样就显得骄傲了”，可就算不笑，自己也无法遏制得意的神情。

心中的悲喜，是外界环境变化引起的自然反应。强行压制，是反自然的，当然不能成功。改变心情有两种方法：第一是改变身体环境或外界环境；第二是让某种心情在情绪上得到释放。下面介绍三种比较有效的具体方法。

第一，给身体补充水份。给喝水是延年益寿的一个因素，也是亮丽皮肤的基本原则。多喝水，既是为了健康，也是为了美丽。这些我们已经耳熟能详，但我们不知道的是，喝水还有利于调节人的心情。

身体摄入、接近或排出水的活动，都能改善一个人的心情。女人分手了，舍不得，大哭一场之后，觉得舒服多了。男人郁闷时，往往会出门去跑步，通过出汗把郁闷“蒸发”出来。洗澡、游泳和淋雨，虽然开始不适应，过一会儿自己就会陶醉其中。喝水、喝饮料、喝牛奶，我们都能感觉到顺着咽喉滑下的畅快。我们已经知道，人类起源于海洋。这都要归功于水无可比拟的流动性。

专家通过多年的研究发现，当人长期处于同一状态下时，就容易产生负面情绪，适当地改变一下自己的状态，心情就会产生积极的变化。人对负面情绪有自我防御功能，那就是激素的平衡调节。大脑制造出来的内啡肽被称为“快活激素”，而肾上腺素被称为“痛苦激素”。人在一成不变的状态下，情绪会越来越糟，就是因为两者的平衡被打破，肾上腺素占了上风。而喝水这个动作能降低肾上腺素，并最终排出体外。这样就阻断了负面情绪，给人提供了一个喘息的机会，以完成人体防御机能的自我调整。炎热的夏天，人们很容易心情烦躁，如果多喝水，不仅可以补充水分，而且可以及时调整心情。如果同时辅以体力劳动，效果会更好。此外，总有一些遭遇会让我们瞬间紧张或激动难耐，此时肾上腺素也会飙升，喝水也能使人镇定下来。

喝水的作用不仅在于调节或平复情绪。英国杜伦大学的研究发现，学生在考试前喝一杯水，可以提高认知能力，在考试中的表现更出色。对于上班族，在压力过大或需要做出决定之前喝杯水，也可以使头脑变得清晰。上班族可以每个小时喝一次水，每两三个小时排一次尿。

第二个方法是绘画。绘画已经成为一种艺术治疗方法。它能够产生作用，是因为人内心的酸甜苦辣都可以通过绘画这一形式展现出来。运用投射技术，绘画疗法可以进入人们的无意识层面，探究人格特质和不易察觉的内心冲突。

一幅自己创作的画，就是自己的精神世界。

某学校请心理老师开导一名忧伤的女学生。这个心理老师让这个女学生画画。女学生画出来的图像是：一间小房子孤零零地立在中间，两边各是一座大山。心理老师分析，中间的小房子可能是女学生自己，居于两旁的可能是她的爸爸妈妈。该女生听完竟哭了起来。原来她的父母离婚了，并且有了各自的家庭。她觉得自己像是多余的人，父母不再爱自己了。

绘画能否产生治愈功效，关键在于绘画者能否从图画中自我觉醒，意识到只有自己能改变自己。如果不能觉醒，遇到一个知音也有同样的功效。俞伯牙奏《流水》，可能只是在表达一种情怀，不是什么消极情绪，但如果一直没有人欣赏，他也会郁郁寡欢。所有的艺术品，无论是直接展现作者心境，还是再现外界环境，都是发自内心的输出，都需要一个接口和通道释放出去。当然，有的人可以在完成一件作品时就释然了，也就是自我觉醒，这是比较高的领悟。

第三个方法在老年人中比较常见，那就是养狗。养狗也是一种心理疏导。调查发现，不养狗的心脏病患者在病发后的死亡率是养狗的人的9倍。可见，与狗朝夕相伴的人的身体素质会有所提高。因为带着狗散步，对自己也是一种锻炼，与爱犬之间的互动游戏也会增强自己的运动。从心理上说，抚摸、抓挠、拍头这些动作，也是在镇定自己。狗又是一个十分称职的听众，我们的烦恼和心事都可以向它倾诉，不用担心泄露出去。从人际交往来看，养狗是一个很轻松的话题，能轻易打开和陌生人的交谈。基于以上这些因素，养狗的人能更好地适应日常生活中的各种压力，大大减少负面情绪出现的概率。但要注意的是，不是所有的宠物都和狗一样，具有舒缓心理的功能。狗的独特性在于它的憨厚可爱，善解人意，这是某些动物无法比拟的。

总之，心由境生，改变心境的也只有外界环境。如果不能改变环境，就要尽量疏导心情。本节只列三种方法，其他途径也是异曲同工。

换发型真的就是换心情吗?

人在理发后会很不适应，感觉周围的人都在嘲笑自己。理发的心境不只这么简单，理发的过程是奇妙的心路历程。大部分人对自己的头发都特别在意，也会长时间保持一个发型。去剪头发的时候，总是会对理发师详细说明该怎样修剪。我们会在担心和期待中看着理发师工作，他们能否按照我们的要求修理我们的头发会改变我们的心情。快快乐乐地去理发，如果自认为理得难看，高昂的心情就会低落下来；好郁闷啊，去理个发吧，如果理得很满意，坏心情就会一扫而光。

还有一种情况，抱着尝试的心态去换一个全新发型，结果自己看着满意，别人见了也称赞，人会在那一天，甚至更长的时间里都很高兴。而即使有其他不满意的情况（极为失望的情况除外），也只是暂时的，当人适应后，又会“自恋地”高兴起来。总之，理发会让人心情愉悦。

关于快乐有两种论调：一种认为，快乐是建立在金钱等物质基础上的。没有钱怎么吃饭？没有钱睡在哪里？别人开着车出去玩，自己连高档一点的消费场所都去不了，这样的生活不可能快乐。另一种论调是，快乐是精神感受，与金钱等物质无关。后一种论调更积极一些。因为物质消费最终带来的仍是精神感受，如果可以用经济的办法直接影响精神，又何必非要抬高所谓的生活档次呢？

人的精神世界比物质世界丰富千万倍。人们追求物质享受，是因为追求精神享受太难了，或者说是懒得思考。人们的认识是有限的。先不说精神，就是耳闻目见的物质世界，我们用一生的时间也认识不完。一旦人开始反思自己的内心时，就更觉得心力不支。况且内心的收获，不像物质世界一样，可以有一个数字化的衡量标准。所以人们只好专挑软柿子捏，从追求物质开始。当然，任何一个人都同时有精神追求，不然人和机器就没有区别。

在物质生活中，通过变化地享受，也可以找到快乐。但是由于人的资产有限，或勇气有限，不能走得太远去旅游，也不能无所禁忌地去游玩。结果往往是蜗居在一个地区，过着几乎一成不变的生活。就算这种日子舒适安逸，人迟早也会厌倦，精神萎靡，千方百计地逃离。其实，绝大部分人应该努力侧重精神层面的享受。

外形的改变真能对内心起到这么好的作用吗？美国的一些研究人员通过对某间监狱里的一些面容有损伤的犯人进行整形，并对他们出狱后的表现进行跟踪记录，发现整过形的犯人再次犯罪的概率比没有整形的犯人小得多。

快乐或悲伤都是心境的内容，我们无法进入心境把消极情绪和情感赶走，但是可以通过改变外在形象使快乐的心情进入心境，挤走悲伤、抑郁、焦虑。

越不想发生的事越会发生——瓦伦达效应

如果你像小说《装在套子里的人》的主人公别里科夫一样，每天心神不宁，心里默念着“千万不要出什么乱子”，可能真的就会像他一样，经历很多“乱子”。

在小品《相亲》中，赵本山在发表演说前，黄晓娟安慰他说：“你别紧张。”赵说：“嗯，我不紧张。”然后开始演说：“我叫不紧张。”观众大笑。

“空中飞人”瓦伦达擅长高空走钢索，有很多精彩的演出。然而，在一次为政府官员和多家媒体表演中他不幸坠落身亡。他的妻子回忆说：“我就知道他这次一定会出事。因为他上场前不停地说，只许成功，不许失败。以前，每次成功的表演，他只专注于走钢丝这件事，而不去管这件事可能带来什么。”

心理学家把这种患得患失的心态命名为“瓦伦达效应”。此效应的结果就是，心里反复念叨不要发生的事，反而发生了，即不期然而然。

为什么会有这种结果？一名射手开枪时反复告诉自己，不要打偏，他往往会打偏。因为大脑已经想象出打偏的情景。看似事与愿违，其实是心想事成。

这种“不期然而然”，分为两种情况：一种是期待自己不要说错某句话，或者不要做出某个举动；另一种的行为主体不是自己，而是他人，比如上面的“出乱子”。我们分别给出解释。

哈佛大学心理学家丹尼尔·魏格纳，倾注了大量精力对自我为主体的“不期然而然”进行了研究。他发现，这种行为都是发生在一瞬间，话是脱口而出，动作是一瞬间不自主完成。这是内心压力在作怪。当我们竭力希望避免自己说某句话、做某个动作时，会给自己下相应的命令，也就是给自己施加压力，这是下意识的。他的结论是，重压之下，我们可能会朝着自己竭力避免的方向前进。这样理解起来会更轻松：某句话或某个动作，本身就是一条指令。我们的意识可以判断出执行这一指令是否合适，合适就执行它，不合适则不执行。这其实是很自然的。但是，对于不合适的指令，我们还会有意地给自己再下一个命令，来监督自己，不要执行它。承受这种压力时，原先的指令不会像我们期待的那样消失，而是反抗或者说是逃脱。一旦压力过度，它就会以极快的速度通过潜意识表现出来，快到我们的意识来不及察觉，只能事后“恍然大悟”。

大脑不听自己命令，也不全是瞬间体现。情侣分手后，越是想忘记对方，越难以忘记，这就是一个长时间的过程。当我们想要忘记某个人时，心里会先形成这个人的印象，然后告诉自己“不要再想他”。是你先想了他一遍，才尝试去忘掉他，这其实又加深了记忆，所以越是想忘掉的人越忘不掉。努力压制某种想法会导致这种想法更为强烈的报复。我们的大脑有点笨，不能直接在记忆中删除印象，而是先提取出来，再否定它。生活中的一些小事比较容易忘记，但是融入情感的记忆就难以忘记了。唯一的办法，也许只有不想要忘记这件事。

一个团队之中也会出现这种怪事。众将附议，诸葛亮无奈之下令马谡守街亭，但同时令王平协助，其实是监督。虽然说马谡失守街亭主要原因是他刚愎自用，但是，假设在马谡决定扎营山上之时，王平默然走开，马谡问他“身为裨将，为何不进言”时，他只说“将军自有高明判断”，结果会怎样？可能此举不会使马谡回头，但至少不会加速他做出错误决定，更有可能使他醒悟，诸葛亮担心的事也许就不会发生。我们可以得到这样的启示：忠言不必逆耳，甚至可以是沉默。

至于另一种“不期然而然”的情况，是我们选择性地记住了巧合事件，而忽略大量非巧合事件。比如，你和朋友苦等某人，他没有来，又联系不上。你预感他出事了。去他家的路上，其实你心里告诉自己：“千万不要有事。”而当朋友安慰你说：“不会有事的，你别自己吓自己了。”你的回答大多是：“肯定出事了！不然他早该来了。”同样的事，你欺骗自己，却耸人听闻。我们再以面试为例。假设你的学历真的拿不出手，你会在心里默念：“最好不要问我学历。”但这种问题一般都会被问到。如果被问到，你会在心里说，到底还是问了；如果没有被问到，你会心想，默念真灵。前者是恐惧，后者是心理暗示，但对你都是刺激，你都会记住的。当然，这和朋友出事的严重性是不一样的。

在潜意识作用下，很多时候我们难以控制自己的言行，对此不必焦虑，放松心情就可以“避免”不好的事。如果预料到了远处的事，就冷静面对，做最坏的打算，尽最大的努力。没有必要再骗自己，这样，应验不会失落，幸免太过喜。

坐电梯，大家都爱看数字

● 几乎每一个人在乘坐电梯时，都会不时盯着显示板上的楼层数看。有的人一直看着，直到走出电梯；有的是看一

下，看看别的地方，过会儿再看一下；有的心里会默念16、15、14，然后看看是不是和自己心里的数吻合。走出电梯时，往往有两种情况：到一层或者低层的人，步子比较悠闲（早上着急上班的除外）；到高层的人，步伐较快。

- 地铁的座椅都是几个连在一起，在起点站乘车时，你会发现，众人一拥而上，都会先选一排座椅两端的座位，最后坐中间的。

- 在酒店、咖啡厅，当座椅有高大靠背时，人们更偏爱里边的位置，不喜欢外面的位子。

上述这些偏好，我们都曾目睹或经历，但你可能不知道，它们都源于人渴望私人空间的共同心理。

准确来说，私人空间不只在人类中存在，其他动物中也有。刺猬实验就证明了这一点。

把一群刺猬关在一个寒冷的空间里，观察它们的行为。由于难以忍受寒冷，刺猬们会聚拢起来以互相取暖。可是，由于身上带刺，太过靠近时，它们又会被周围同伴刺痛，就不得不分开。距离过远时，又被寒冷逼得靠近。如此反复几次，刺猬们终于找到了一个合适的距离，既不会感觉到冷，也不会被刺痛。

在这个实验中，刺猬们自然形成了私人距离。在这一点上，人就是一只刺猬，心里有一个私人空间，与他人保持一定的私人距离，才会感觉到舒适。需要指出的是，这一私人空间不是自己主动创造的，是自然形成的，也就是说，它是潜意识里的东西。

按一个人与其他人交往的亲密度，大致可以分为三种：陌生人、朋友、亲人。在公共场合，与这三个层次的人的私人距离是：陌生人 3.6~7.5 米，朋友 0.4~1.2 米，亲人 0.45 米以下。一般来说，一个人的私人空间大小是：前后 0.6~1.5 米，左右 1 米。

电梯空间比这个空间略小。所以，当人进入电梯时，其实是与他人的私人空间出现交集，也可以说是他人侵入了自己的领地。虽然知道没有人会伤害自己，但是，心里还会感到不舒服。在电梯里时，我们会尽量避免与陌生人哪怕一丁点儿的身体接触。在一定程度上说，这就是如坐针毡，我们渴望快点“逃出去”，所以就会特别关注电梯升降到了第几层。如果还没有到自己的目标楼层，就会在心里默念数字，希望快点到。

乘电梯看显示板的表现已经解释清楚了。其他情况也是因为私人空间受到侵犯而产生的焦虑和恐惧，或者是防止私人空间被侵入，或者是避免侵犯别人的空间。

乘坐电梯的同时，我们心里已经知道，自己是在悬空状态中，这也会带来不安，楼层越高越是不安。它与“私人空间效应”共同起作用，促使人急切地走出电梯。而一层相对高层安全，人们出来时，自然比高层更安然一些。

在地铁，人人不抢中间的座位，是因为两侧的位子有一边是没有“私人空间”的玻璃或铁杆，能更好地避免与他人接触。同时，坐在中间也会打扰到他人，比如睡着了头靠在别人肩膀上。

在酒店或咖啡厅，由于高靠背的座椅本身已经为人们创造了一个相对封闭、有安全感的个人空间，人的恐惧或防御心理明显减弱。而靠外边的位置，可能会被传菜员或来往的人碰到，所以人们会下意识地避开它。

那么，为什么人会产生私人空间心理呢？这是源于人的天性。人类在长期与自然斗争的过程中，对永远未知的自然产生了巨大的恐惧。这种恐惧遗传了下来，所以人们在心里渴望通过接近来获得安全保障；人在与自然斗争的过程中，也养成了勇于开辟的性格和奔向自由空间的渴望，这些也遗传了下来，所以人在获得一段时间的安全后，又希望独处。这两种天性是矛盾的，只能在时间上交叉实现。最终和刺猬一样，找到一个相对安全又不太受干扰的私人空间。但是请注意，这只是一个不太受干扰的空间，与人内心想要的自由空间还差很远，甚至可以说，人类永远无法获得这个自由空间。

现代高度文明的生活方式，也加剧了人们对自由独处的渴望。城市人口密度大，生活节奏加快，由此形成了巨大的心理压力。于是，人人在心里渴望到开阔空间，释放压力。

事实上，即便是一个人单独乘电梯时，也会对狭窄的空间产生焦虑和不安，害怕自己出不去。当这种担心或害怕变得比较严重时，就是狭窄空间恐惧症，也叫幽闭症。在大城市，5% 的人有狭窄空间恐惧症。他们对电梯、浴室、储物间甚至会馆等相对封闭的空间，有莫名其妙的恐惧。长时间待在里面，他们会表现出心慌、眩晕、视力减退、浑身发抖的症状。

当然了，狭窄空间恐惧症不全是因为城市生活压力大或者过度渴望自由。更大的病因是个人的早期恐惧经历，他们把早期恐惧经历置换到电梯这样的环境中。当然，这种置换而来的恐惧不限于电梯等封闭环境，还有其他多种环境。

经常受私人空间支配的人会逐渐形成习惯，最后也有患上狭窄空间恐惧症的危险。不过，只要我们有意克制，就可以摆脱它的控制。既然已经在城市里生活，这种方式是避免不了的，只能坦然面对。如果不能换到相当开阔的环境，就适应它吧，试着和周围的人交流，不能整天“宅”在家里。

此外，考虑到人人都有私人空间，日常独处和人际交往中也要尽量避免“侵犯”他人。即使是夫妻，长期亲昵也不好，最好是时而拉开适当的距离。不要好奇别人的隐私，同时也要保护好自己的秘密。

第二章

恐 惧

为什么有的人天生怕蛇，有的人却更怕刀?

恐惧是一种负面心理体验，也是人体的自我保护机制。恐惧起源于原始人类，是人的生存本能对死亡的抗拒。最初的恐惧是人在死亡时的心理体验。人在意识到自己要死亡时，就开始有了恐惧。后来，活着的人生病、或遇到各种危险、时，也离死亡很近，基于本能对死亡的抗拒，人类恐惧的范围就扩大到任何与死亡有关的事物和行为。这是一种以偏概全的自我防御。在后来人类与自然斗争的过程中，恐惧对象的范围再次得到扩大。人们发现，在未知的事物中都包含着危险因素。但是，由于其未知性，人无法预先判别什么是危险的，什么是安全的，只好再次以偏概全，对未知的事物都有某种程度的恐惧。

有的恐惧是后天的，有的是先天的。对锋利匕首的恐惧就是后天的。当它离我们一米之外时，我们不怎么会害怕，只有近在眼前才会有意识地闪躲。人一生下来就害怕蛇，即使远在三米之外，也希望它走得越远越好。把玩具刀和玩具蛇摆在从来没有见过刀和蛇的小孩面前，小孩子会本能地避开蛇，有可能伸手去玩刀。

我们知道，刀对人的伤害比蛇来得快，来得猛。按照人类趋利避害的本性，应该是更害怕刀子才对。

人类对蛇的恐惧由来已久，源于从祖先那流传下来的基因。在远古时代，人类以捕猎采集为生。受医疗条件限制，被一条毒蛇咬到，大多时候会死亡。不是所有的蛇都有毒，以人类的智慧，完全可以分辨有毒蛇和无毒蛇。但是在远古时代，生产力低下，人们生存尚且难保，没有经验去分辨有毒蛇和无毒蛇。再者，蛇虽然经常毒死人，人毕竟不是天天有这样的遭遇。所以原始人类只好以偏概全，有毒无毒都害怕。

新几内亚岛上的人似乎是个例外，蛇根本吓不到他们。原来，新几内亚岛和世界其他地方不一样，那里的蛇非常多，而且还咬死了许多人。可以说，从小时候起，新几内亚人就与蛇为伍。他们遇到的蛇三分之一有毒，渐渐地他们学会分辨有毒蛇和无毒蛇，并且时常抓没有危险的蛇来吃。

从刀子这一方面也可以得出同样结论。刀子是人类为了生活发明的。它一问世，人们就熟悉了，甚至没有发明之前，就已经成竹在胸。再者，人发明的事物，人对它的可控性更强。

现在我们抗蛇毒血清，蛇对我们已经不像原来那样危险，按理不至于恐惧，但这毕竟是很近的心理体验，还不至于改变原来的恐惧基因。也许再过几千年，人类不会像今天见到蛇一样，吓得倒退三步了。

可见，再恐惧的东西，只要我们掌握了一定的技巧，也可以淡化本能的恐惧。刀子的危害虽然严重，但正确利用后，其切割物体的功能会给生活带来很大的便利。因此人们逐渐熟悉刀，并学会了规避刀可能带来的危险。

为什么遇到意外的第一反应是僵立不动?

人越是在紧急时刻，越会表现出原始人类的特性或者本性。

按照常理，动物躲避危害，遇到危险，都要第一时间避开。事实却不是这样。当一辆车驶向我们时，我们不是拔腿就跑，而是先僵立在原地不动，过一会儿再跑开。古代，战争的双方浩浩荡荡奔至交战区，马上要刀兵相接了，可是，在十几丈远的地方，双方开始慢下来，最后停下来，摆开阵势。有的小宠物，看到镜子里的自己，先直愣愣地看着，一动不动，过几秒，忽然如临大敌，后退几步。

包括人类在内的所有动物，处理意外情况的行为顺序都是先冻结，再逃跑或战斗。人们面临重大事件的行为顺序，也和意外情况相似，先冻结，再行动。比如上述战争现象。其实，冻结效应还可以更普遍。回想一下，今天早上穿了一件新衣服，到公司时，平时不怎么爱说话的同事夸了一句“真漂亮”，你是不是先愣一下，然后不自然地说“谢谢”？出门时想起没有锁门，会不会恍然大悟地愣一下，然后回去锁门。

冻结反应是指，一旦感到威胁时，立刻保持静止状态。这是边缘系统为人类提供的最有效的防御方法。边缘系统是高等脊椎动物中枢神经系统中，由古皮层、旧皮层演化成的大脑组织，以及和这些组织有密切联系的神经结构和核团的总称。边缘系统通过与下丘脑及自主神经系统的联系，参与调解本能和情感行为，其作用是维持自身生存和物种延续。

为什么冻结是为了防御呢？第一时间逃跑不是更好的防御吗？看来不是的。这一防御机制要追溯到人类的原始时期。原始人类横跨了非洲大草原。在草原上，视野开阔，遮挡也少，彼此都暴露在眼前。这就使原始人类面临着很多大型食肉动物的威胁。他们发现，这些动物跑得比他们快，力气比他们大。最重要的发现是，很多动物，尤其是大多数肉食动物，对移动非常敏感。现在我们也知道一些生物常识，很多动物视觉不怎么灵敏，鼻子、耳朵却很灵。移动对动物的感官刺激比静止强烈。此其一。

其二，在动物对原始人类没有食欲的时候，人也不能妄动。草原的动物都十分机警，移动对它们也可能是攻击信号，为了避险，它们只好反击“想要攻击自己的人类”。

其三，我们还知道，有的食肉动物是不吃死尸的。所以，当两个小伙伴在森林遇到熊时，来不及爬上树的，只好在地上装死。

动物对静止的物体提不起兴趣或察觉不到，这一点被高级脊椎动物大脑的边缘系统发现并记住了。人类在漫长的迁徙过程中，形成了发现危险动物就先冻结一下的条件反射，最终生存下来。

这一条件反射到今天仍然存在，而且影响范围有所扩大。当我们面对可能对自己非常重要的场合时，有可能会屏住呼吸或轻轻呼吸。求婚时，男人问完女方“愿意嫁给我吗”之后，会逐渐地屏住呼吸，得到理想的回答才恢复正常。

上班恐惧症

只有上班，才能挣钱，才能在这个社会上安身立命。这个道理我们都知道，也在不懈地努力中。有的人在开始努力和努力过程中出了偏差，他们害怕上班，或者在上班时充满不安，所以频繁跳槽，最终收获甚微。这就是上班恐惧症。

在高校毕业生中，害怕上班的现象频频发生。他们上班的时候想辞职，工作时好像有神经衰弱，上班变成了一种煎熬；换了一份工作，还没有干多久，就想试用期一结束就辞职。之所以会这样，是因为他们过于看重自己的意见和需要，很少站在企业管理者或其他人的角度考虑问题。他们认为自己的专业知识过硬，足以应付相关技术和管理问题。然而就算是对口的工作，学校里学到的知识也不完全适用。一旦遭到拒绝或反驳，他们心里或有委屈，或有愤怒，或有恐惧。不认清现实、调整心态，即使换一份工作，也是同样的结果。时间一长，他们就会对工作本身产生抵触情绪，认为上班是一件苦差事。

这是有深层原因的。80 后、90 后的大学生，从一出生就备受家庭和社会关注，被视为掌上明珠和未来的栋梁。家长和社会为他们创造了优良便利的学习条件，同时敦促他们努力学习。大部分学生自己也努力，不是注重专业知识的学习，就是注重社交能力的培养。可能多多参加社交的更好一点，但无论怎样，学校的环境永远无法变成真实的工作环境。公司职员这一社会角色可能遇到的状况，永远不可能在一个人还是学生角色时，完全暴露出来。

此类上班恐惧症，多发生在性格内向、很少接触社会的毕业生身上。要解决问题，最好从自身出发，不要给自己定的目标太高，经常换位思考，不强求事事完美，融入集体。从企业角度说，应认识到其中的必然性，重视员工的归属感，尊重其想法。尽量从一开始就给高校毕业生安排他们感兴趣的工作，但一定给他们打下预防针，使其逐渐适应职场。

毕业生适应职场后，也有可能再得上班恐惧症。双休日过后员工尤其要注意这一点。

春节长假之后，小魏无精打采地来上班。但他脑子里总是浮现春节期间和朋友玩乐的场景，无法集中精力在工作上。一个月之后，症状总算好点了，最起码每天不“神游太虚”了，但是没有根除。每到周五下午，他就异常兴奋，对自己的要求又放松下来。周六不是拼命睡觉，就是在外面玩，还经常通宵。周日晚上，由于明天又要上班，心情异常紧张。到了周一，觉得特别累，害怕去上班，好像得了神经衰弱一样。

这种上班恐惧症非常普遍，所谓的“星期一综合征”也包含在其中。人就像一根橡皮筋，工作时拉得紧紧的，一到休息的时候就放松下来。休息日一结束，重新又被拉紧。这样反复放松和紧张，如果不能及时跟随着调节心理，很容易对上班感到疲倦和恐惧。一周循环的倒还好，时间一长可能会自动适应，怕的是偶尔有长假，进入长时间放松。此时进行主动调节，也有一定的困难。虽然名字叫作“上班恐惧症”，但它不一定只发生在上班族之中。事实上在学生中也存在类似现象。高中生的“工作”强度和密度都比上班族大，一旦放长假，更容易对学校敬而远之。其实生活压力无时无处不在，严格来说，人们早上不愿起床，也是一种上班恐惧症。

归根结底，是现代生活的节奏加快了，而放假时相对自由，生活节奏缓慢。如此一快一慢，身体和心理都难以快速适应。应对办法，就是双向调整：在工作和学习时，要学会放松，没有一劳永逸；在休息日或假期，要时刻知道，劳动是永恒的，休息是短暂的，也没有“一逸解百愁”。

孤独和人际交往对某些人都很可怕

家庭、学校、社会，既可能造就独处恐惧，也可能造就社交恐惧。

独处恐惧的表现是，过分渴求亲近和归属；独处时感到不舒服，害怕自己照顾不了自己、充满无助感、想逃避；经常有被人遗弃的念头，感觉自己可怜；只要能时刻得到别人的温情，宁愿放弃自己的个人兴趣、人生观。恐惧独处的人会越来越懒惰、脆弱、缺乏自主性和创造性。在心理学上，独处恐惧被定义为依赖型人格。

害怕孤独一个相当重要的原因就是存在感被削弱了。正常情况下，独处和群处的人都有存在感。但只有孤独时，人才会最接近自己，存在应该更强。恐惧独处者忽略了自己许多真实的想法而去感受和迎合他人。他们以为这样或许会多一点存在感，其实没有。在群体中的恐惧独处者，找到的是一种虚假的安全感；要想找回存在感，恐怕只有克服独处恐惧，发现自己。

害怕独处和害怕被抛弃的感觉差不多，可以追溯到婴儿与母体分离时期。心理分析师安娜·黛巴海德认为，当孩子意识到自己和妈妈是两个个体，不可能永远在一起时，这种恐惧就存在了。虽然玩具可以填补妈妈不在的空白，但人还是会害怕黑暗、害怕孤独。这是本能。

与独处恐惧相对的是孤独综合征。孤独综合征患者的表现与独处恐惧者相反。这样的人经常离群索居，一旦身处群体之中，就感觉不自在。孤独综合征比独处恐惧更为常见，也可以称为孤独瘾。

这一类人被称为孤独患者。孤独患者存在感特别强，思想复杂。

然而，孤独并不是人的本性。居住在拥挤而嘈杂环境中的人们，希望有一个独立空间，不被打扰，这是很正常的。人也确实在孤独时才认清自己。但是，人的基本属性是社会性。人只有在社会中，才能发现并证明自己存在的意义。人的社会性就是群集性。任何人类个体都在骨子里渴望与其他个体交往，并结成团体。研究人的社会性的心理学先驱是威廉·麦独孤认为，社会性是人类的本性之一，人在这个基础上形成了复杂的人类社会。

可见，孤独上瘾的人已经在背离本性。当然，他们不是心理有障碍，只是沉迷于孤独和思考。但是，两者过多，同时缺乏其他活动，可能会导致精神障碍，比如妄想和抑郁。

孤独患者与人交往时的不安再剧烈一些，变成恐惧，就是社交恐惧症。恐惧症原称恐怖性神经症，发作时常伴有明显的焦虑和自主神经症状。其表现是：过分和不合理地惧怕外人，并有意无意地回避；因为担心自己出丑，不敢当众讲话，不与人交流；自己意识到不正常，但仍然反复出现，难以控制。恐惧社交的人，独处时就会安心许多。

社交恐惧不是与生俱来的，而是后天形成的。社交恐惧是人格发展过程中，尤其是大学阶段难以避免的。习惯性的社交恐惧是个人人格发展不健全导致的，这就离不开家庭环境。恐惧社交的人应注意，不必在社交场合过分在意自己留给别人的印象，可以时不时采用最坏反问法——再糟糕又能糟糕到哪里去？

异性交往是社交的一个方面。在这一方面，也存在一些恐惧心理，那就是异性恐惧症。恐惧异性者，不敢与异性目光接触，不敢交谈，一交谈就面红耳赤、言语不清，接近异性就全身紧张。青春期的男孩女孩，逐渐开始接近异性，但往往表现出对异性的害羞。他们常常被看作是害羞老实。正常情况下，异性恐惧会在后期消除。但如果总是强迫自己不去看对方，内心争斗，想法古怪，就会越来越害羞、敏感、自卑，最后发展成异性恐惧症。

异性恐惧是一种心理倒错，本人恐惧的不是外界的异性对象，而是自己内心对异性的妄想。基于文化背景、家庭教育和个人经历，他们才去强迫自己不去幻想，不去看异性，不从视线中表现出幻想。但这样的强迫往往会失败，因为对异性的渴望是人的本能。

所有这些孤独恐惧、交往或群处恐惧，都可以通过暴露疗法来纠正。暴露疗法就是，把自己暴露在让自己不安的情境之下。人既渴望孤独又希望合群，能在其中找到平衡的人才会内心安宁。

绝对安全时，也会恐高

说到恐高，肯定人人都不陌生。但是，如果说恐高是人类天生的心理特征，是一种自我保护机制，可能就有点难以理解了。

任何一个人都对高度有相当的恐惧。这是必然的。试想，如果所有人都对高度没有恐惧，人类可能就难以繁衍下去，因为高处比低处危险。更直接地说，从高处摔下来，更容易死人。除此之外，还有一点，使人对高处避而远之。那就是人类已经习惯用平行于地面的视角看事物，而在高处看时，其视线与地面是垂直的。举例来说，人在地面上看到汽车，会看到侧面；从飞机往下看，只能看到盖子。尽管都是立体的，但如果把水平视角下的身体平衡能力和方向辨别能力转换到垂直视角，必然是不适用的，他此时获得的视觉信息减少了很多（尤其是高度信息），此时的身体极容易失去平衡和方向感。这样就没有安全感，人需要尽快回到水平视角。以上两点，保证我们时时刻刻对高处的一定恐惧。

恐高不一定是恐高症。恐高症指的是，在正常人可以接受的高度范围内，有的人也焦虑不安，并表现出眩晕、恶心、食欲不振等症状。这个开始害怕的高度，无论是正常恐高，还是恐高症，都因人而异。有的人可能10米就觉得不安全了，但对于经常玩蹦极的人，可能100米也不足以令他发抖。然而，在恐高症患者那里，可能即使阳台的高度，也难以忍受，甚至会当场晕倒。正常人在高处时，只要确保绝对安全，或者不俯瞰地面，都不会担惊受怕。恐高症患者则不然，只要知道自己处在一个相当的高度，就会恐惧不安。

英国一项调查显示，现代都市人90%都恐高，而10%的人有恐高症。这应该归因于城市的各种强烈视觉冲击的高楼大厦。深究起来，这不是人口爆炸的结果。人们为了满足方便快捷的需要，生活必定要高度集群化。从进化角度说，现代人的恐高和恐高症，都是适应环境的结果，将来的城市人民能轻松地悬在千米高空俯瞰大地，也未可知。

大部分恐高症不是高楼大厦的副作用，而是因为个人的早期经历。动画片《秦时明月之夜尽天明》中，少年项羽不敢通过墨家禁地里的“猿飞”一关，就是因为儿时有从高崖坠落致伤的经历。他深刻记住了那一偶然事件，并在潜意识中认定，只要是悬崖或深谷，都会掉下去致伤或致死。在现代生活中，许多工作需要高空作业，可能有的人第一次登上塔吊不适应，就会得上恐高症。甚至有的人的恐高症，只是因为经历了一件危险的事，不一定是在高处发生。

6年前，马先生陪孙子坐海盗船，在船上受到了惊吓，当时感觉胸闷气短，出冷汗，四肢发软。从那之后，马先生连上

楼也害怕了。两年前，他的恐高症加重了，只要超过二楼，他就会头晕心悸呕吐。

说到底，恐高还是一种紧张心理。而心理可以作用于生理，严重恐高会引起机体反应。人距离地面越高，越会担心坠落、摔伤或死亡。在向下看时，这种紧张心理会加剧，变成恐惧。在恐惧情绪下，对于高空作业的人，可能会出现失误；对普通人，还有心跳加速、血管收缩、暂时性血压升高的表现，严重的会恐惧致死，这是肾上腺素分泌量过多引起的。

我们有必要重点说说高空作业的工人。在选拔的时候，当然要选相对不恐高的人。然而，这种工作需要经常长时间在高空中，为了灵活操作，保护工具就不能用太多，几乎整个人都要悬空。只要保护工具安全性足够高，性命威胁倒是其次，重点是对工人心理的挑战。时间久了，可能身体平衡感的方向感会很好，但对高空的原始恐惧还是难以克服的，更多的是忍受。长期心理紧张，人会消化不良，免疫力下降，患高血压。这些是高空作业人员的职业病，对比实验发现，他们比正常人群患此类病的概率高出 3~5 倍。

有恐高症的人，可以通过对比上述工人的境遇，在心里调整一下。对于早期恐惧经历导致的恐高症，可以用行为主义疗法来治疗。有两种形式，第一是暴露疗法，把他们忽然强行安置到高处，使其适应恐惧，最终放松下来。另一种是系统脱敏疗法，其实就是分阶段实行暴露疗法，先把他们安置在恐高级别最低的环境中，然后逐渐升级，其目的也是放松紧张的情绪。

恐惧的东西都不在眼前

一个人对几种事物，有恐惧心理是正常的，比如悬崖、藏獒、匕首、迎面而来的汽车等。但是，有的人对没有安全威胁的事物也会恐惧，比如香蕉皮、足球等。

为什么会这样呢？因为他可能因踩到香蕉皮而滑倒并严重骨折过，被足球击中而鼻骨碎裂过。这样的经历会形成香蕉皮和足球会使人致残致死的错误认识。这还容易理解，但有的人的恐惧更为奇怪，看似无法理解。比如有人经历了一次公交车事故，自己垂死挣扎了两个小时终于获救，但是事后，只要一见到公交车就避之唯恐不及，宁可走一个小时的路去上班。这就是乘车恐惧症。

王先生今年 42 岁，在某企业做设计主管。他自己有车，但是只给家人开，自己坚持步行上班。倒不是绿色出行，而是他不敢乘车。原来，他之前坐公共汽车上下班，曾遭遇过一次危险事件。有一次下班回家，在十字路口处，公交车正要转弯，一辆载着孩子的电瓶车猛然抢道迎面转过来。公交车司机紧急刹车避让，才不至于酿成悲剧。但是，车上乘客没有提前做好准备，一下子全被甩到别处，有的还受伤了。王先生的腰部有轻度扭伤，这倒是小事，重要的是，他两天都惊魂未定。而且他发现，只要一上车，就焦虑不安，恶心想吐，从此宁愿步行一个多小时上下班，也不乘车。

上班恐惧症分为两种，一种是周末或假期过后，面临开学或上班倍感焦虑，上班时也心神不定；一种就是不敢去上班，害怕去了以后发生什么危险事件。后一种的成因可以用一句话来概括，就是吓到了。一位银行职员，观看了美国“9·11”事件视频后，就对上班产生了极大的恐惧，开始不敢去上班，担心一去不回。勉强去了两天，一直提心吊胆，终于不堪其苦，辞职了。

大多数人都喜欢到广场游玩，但有一群人，他们不是压根不敢去，而是到了以后提心吊胆。这就是广场恐惧症患者。此类患者往往担心自己在广场或其他人多的地方昏倒而无人相助。其实他对广场环境的恐惧，是对即将发生在自己或亲人身上的危险情况的错误预感，所以才刻意回避或逃离恐惧情境。至于这种预感应验与否，结果都是偶然的，但是预感都来自之前的恐惧经历。

张小姐一年前坐地铁时，忽然感到一阵心慌，胸闷，呼吸困难。事后去医院检查，一切正常。刚刚放下心来，第二天又有同样的感觉，而且连续两次。从此以后，她再也不敢坐地铁了，生怕自己再次发作无法离开。还有人恐惧地铁，是因为他们曾经因故障被困很长时间，好像是从鬼门关走了一遭。

大多数人倾向认为，幽闭恐惧症是广场恐惧症的反面，其实不然。即使在开阔的场所，二者可能同时引发。虽然叫法上有明显差别，但要严格界定二者，有一定的困难。可能从现场表现来划分更为理想。广场恐惧症的一个表现是不敢到某种情境中去，另一种是去了以后心慌、耳鸣、战栗，不能把注意力从危险事件上转移；幽闭恐惧症的症状会更严重一点，比如恶心、眩晕等。严格区分二者的意义不是很大，关键是要弄清楚产生恐惧的首要原因。在婴幼时期就被父母要求单独睡的小孩、经历电梯故障的人、空难或地震的幸存者、地铁司机、各种矿工、火葬场人员，他们更容易患幽闭恐惧症。可以看出，一次恐怖经历可以使人患上幽闭症，长期接触容易发生恐怖事件的环境，也会使人患上幽闭症。对于地铁司机这样的特殊工作人员，如果患上幽闭症，自己受折磨不说，还可能会引起操作失误，危及更多人的生命。

大多数恐怖事件发生在光线较差的环境中。如果当事者对昏暗光线的记忆更多一些，就可能导致黑暗恐惧症。顾名思义，黑暗恐惧症就是害怕黑暗的环境。这种疾病可能形成于儿童时期。

大部分婴儿有开灯睡眠依赖。但随着年龄的增长，对灯光的依赖会消除，没有消除的依赖就是开灯睡眠癖。病症也好，怪癖也罢，大多数青少年或成人害怕黑暗，一种可能是因为幼年时期家人为了哄他钻被窝入睡，经常讲一些鬼怪故事。而鬼怪故事的发生背景，多是光线较差的夜间。

以上列举的几种恐惧症，有其共通之处：不是有个人恐怖经历，就是长期接触危险环境。这些事件，正常人都会害怕。但是请注意，应该害怕的是事件本身，而不是这个事物或环境。以鬼屋见到“恶鬼”面具为例，面具上的图形本身不可怕，鬼屋昏暗灯光也不可怕，可怕的是我们认为“鬼”有可能会杀害我们。但是为什么大部分人没有相关恐惧症呢？因为人选择记忆的东西不一样。我们面对恐怖事件时，第一念头是对事件本身的恐惧，但是这一念头的时间很短，还来不及形成意识，就隐藏到潜意识中去了。而第二念头，是对恐怖事件发生时的事物和环境的恐惧，因其一直存在于视线之中，很容易被记住。如果把第一念头中对事件本身的恐惧忽略，只恐惧事物或环境，就可能会导致相关恐惧症。但也不尽如此，促成恐惧症还有一个重要动作，那就是把下次遇到的相同或类似情境，置换成之前的恐惧环境。或者说，恐惧症患者认为在之前情境中偶然发生的恐怖事件，这次必然会发生。

此类恐惧症有很多，比如蜘蛛恐惧症、蛇恐惧症、蟑螂恐惧症、彩票中奖恐惧症，等等。

治疗这类恐惧症的方法，是暴露疗法。这种方法具有强制性，或者叫“置之死地而后生”，就是让患者进入他害怕的情境，并适应其中。一个怕见光的人，肯定是很少见光的，把他暴露在阳光之中，让他不见也得见，他自己会找到适应方法。这样做确实有效，可能对于病人，有点残酷。最好的办法是，找到第一恐惧所在，引导他消除恐惧。有的病人把第一恐惧隐藏得特别深，此时可以用催眠疗法。

消除恐惧的办法，就是接近恐惧

在看恐怖电影的时候，人会集中而强烈地体验到恐惧。然而，我们会发现，看同一部恐怖片的次数多了，就没有开始那样恐惧了。这个极端的例子给我们提供了治疗恐惧症的最佳途径。那就是，想要彻底消除恐惧，只有接近恐惧，熟悉恐惧对象。

3 岁的彼得对白鼠、毛大衣、羽毛等白色毛绒状东西都很害怕，对青蛙、鱼和机械玩具也望而生畏。心理专家对彼得的治疗是这样的：让彼得置身于他害怕的这些东西面前，同时有其他的孩子陪伴，这些孩子对彼得恐惧的东西并不恐惧。结果

彼得对这些东西的恐惧明显减轻。

这个实验证明：越是远离恐惧的对象，越会恐惧它；相反，如果面对它、接近它，会发现它没有想象中恐怖，对它的恐惧也会慢慢消失。

请注意这一疗法的环境：同时有其他的孩子陪伴，这些孩子对彼得恐惧的东西并不恐惧。为什么要有同伴陪着？原因有两个，其中一个在第二种办法里得到了应用。这个原因是：彼得会慢慢喜欢他的伙伴，和他们一起玩耍，这样快乐会逐渐代替恐惧，恐惧的事物变成喜欢的事物。另外，别的小孩都不怕那些东西，只有彼得自己怕，不难想象，彼得争强好胜的心理（虽然才三岁，但自然也有），也有可能迫使他去接触它们。

如果同伴们也害怕彼得害怕的东西，这种疗法还有效吗？答案是肯定无效的。一个人在家看恐怖电影，会心惊肉跳，在电影院就会好一些。两者背后是一个道理，那就是，人多胆子大。一个人承受不了的恐惧，当多个人面对时，却可以承受。因为恐惧没有增加，恐惧被均摊到每个人身上了。可以想象这样的一系列画面：彼得和伙伴在同一个房间里，一开始对那些可怕的动物和玩意们退避三舍，但不至于害怕得哆嗦；时间逐渐过去，孩子们与恐惧对象对峙着；终于，在好奇心的驱使下，有一个孩子大胆接近了，不过其他人要紧随其后；小白兔猛一动，众人吓得后撤，然后再上；慢慢发现，它们没有想象中的那么可怕，反而很可爱、很好玩；众人和宠物以及玩具愉快地玩在一起。

然而，彼得的恐惧症刚刚减轻没有多久，又遭到了一只巨型犬的攻击。对彼得出院时的检测发现，他对之前恐惧的东西更为害怕了。

为了再度治好彼得的恐惧病，医生想到另一个方法。他们把彼得带到一个漂亮的大饭厅里，并让他高坐在椅子上，放肆地享用任何食物。此时，心理医生把一只关在笼子里的兔子放在离彼得较远的地方，彼得没有表现出任何恐惧。这样的安排进行了几次，每次都拉近彼得与兔子的距离。最后，就算把兔子放在彼得在腿上，彼得也没有一丝畏惧，并且会和它快乐地玩耍。

这个过程是这样：让恐惧症患者沉浸在他喜欢的事物中，他会忽视同时存在的恐惧对象；天长日久，“看不到的恐惧”与喜悦并存，恐惧事物逐渐接近恐惧症患者，患者会逐渐适应恐惧对象的存在，最终消除恐惧。

可见除了直接接近恐惧对象，使恐惧对象在喜爱事物之后接触恐惧症患者，也能治疗恐惧症。至于为什么会在欢乐的同时忘记对原先恐惧对象的恐惧，可以用注意力的有限性来解释。当一个人沉浸在他喜爱的事物中，其绝大部分注意力就被占去，不能分配到其他事物上。随着距离越来越近，原先恐惧的事物变成了一个陌生的全新事物，进入患者的注意范围，在愉快的心情下，患者爱屋及乌，最后甚至会喜欢原先恐惧的事物。

我们从前面几节知道，恐惧症多是因为经历过恐怖的事，认定当时在场的事物也恐怖。通过接触发现，恐怖的不是事物，而是事件本身对自己的伤害。这就是暴露疗法的原理。再往深处想，由于彼得才三岁，离恐惧的事还不太远，恐惧症还不太重，如果让他一个人单独与恐惧对象相处，只要不出现生理异常，时间一长，他自己也会适应恐惧，最终消除恐惧。这也指出，成年恐惧症的治疗难度更大，需要多种方法结合治疗，同时对症下药。

第三章

感知觉（一）

眼睛是会骗人的

我们常说，“眼见为实，耳听为虚”，但其正确性已经遭到了现代科学的质疑。同样的车速，为什么从眼前开过的车比在远处开过的车看起来快很多？为什么穿竖条纹衣服的人看起来比穿横条纹衣服的人瘦？这些都是视觉方面的错觉。生理和心理的原因都会形成错觉，而错觉的产生与心理的关系更为密切。

如果单从视觉角度讲，眼见的就是实在的。眼睛的功能就是吸收光线，客观反映刺激。视觉不是单纯存在的，而是其他感觉综合作用下的结果（其他感官感觉也是这样）。光线刺激不会停留在感官，最终要传给大脑，再由大脑形成感觉。在这个过程中，大脑会自动结合以前看到或听到的东西（也就是经验）形成感觉。换句话说，我们对事物的印象是受以往事物经验影响的。所以眼见可以为实，也可以为虚，这要看当场所见事物与早先接触的事物形成的综合感觉是否真实。

除了会结合以往的经验，大脑更会受到当前环境和其他事物的影响。相信读者朋友肯定看过不少视觉怪图，此类图大多是心理学家的创作。现在请看下面的这张艾宾浩斯错觉图。

请回答：图中两个中间圆的大小是否相等？

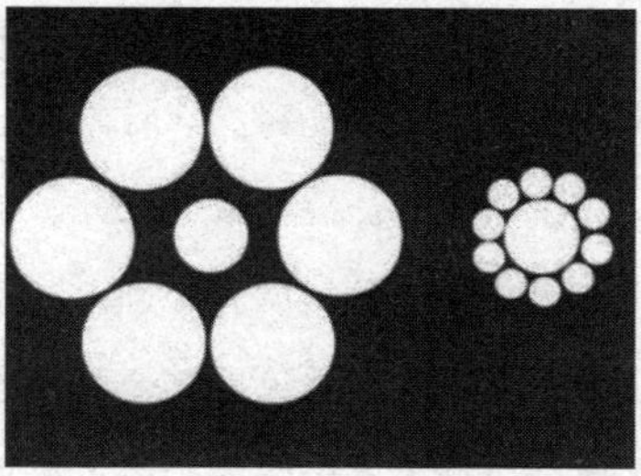

我们可以亲手量一量，它们事实上是大小相等的，但是我们会觉得右边的那个就是比左边的大。之所以会有这样的错觉，是因为中间两个圆的四周还有其他的圆。在对比二者之前，我们先不由自主地拿它们和旁边的圆做了对比。正是它们的存在，把左边中间的圆“称”小了，把右边中间的圆“显”大了，而且这种对比先入为主，我们的注意力再也分不到后面的对比上了。这种“称”或“显”，其实就是我们接触的对象的环境给我们的心理暗示。它是摆脱不掉的，而且是瞬间完成的。

如果没有这种暗示，我们就会形成正确印象。请再看下面这张图。

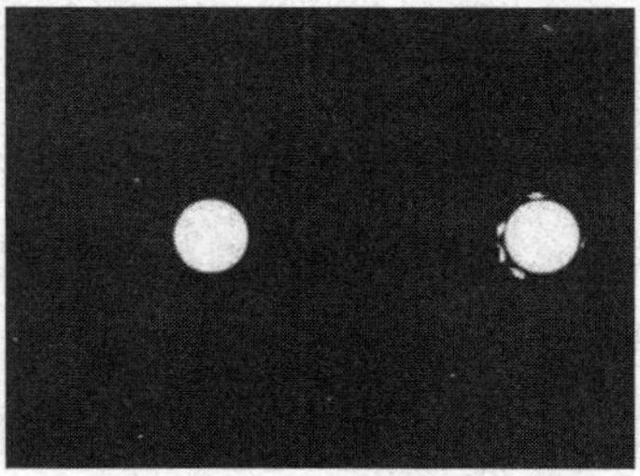

图中虽然可以看到残留的擦除痕迹，但是不是两个圆怎么看都相等了？其实我们回到第一张图，努力只盯着中间的两个圆，时间稍长，也会发现它们确实相等。之所以会如此，是因为我们第一眼看到的，只是对事物大概轮廓的辨认和处理，只有仔细长时间观察后才会有更深的了解（而且有时候还要结合其他感官的感受）。如果读者朋友可以在电脑上查看第一张图，试着尽量把图放大，直到显示器可以完整地看到中间两个圆，也会发现它们是相等的。我们的视觉注意力是非常有限的。先前，四周的圆转移了我们的注意力。如果我们也理解并成功运用了这种先入为主、暗示和有限性、模糊性，对很多说不清、道不明的事也就不会迷惑了。

为什么字看久了会不认识?

有这样一个笑话：考场上，一位考生忽然不知道“优惠”的“惠”怎么写了。情急之下，他看到桌上的饮料，想起它瓶盖里会有“谢谢惠顾”字样。于是急忙打开，却有点失望地发现“再来一瓶”四个字。

我们主要通过视觉来记忆图案或事情。其过程是这样的：外界信息刺激眼睛，眼睛把刺激传递给大脑神经细胞，神经细胞对这些信息一一进行整理和记忆。这种记忆只是神经细胞对刺激的暂时性强化，一般只能持续几秒到几个小时。而我们传统意义上的记忆是长期记忆，可以持续几天到几年。如果没有重复刺激来强化对图形或事情的短暂记忆，使我们大脑形成关于它的长期固定的符号，过后还是会忘记（当然，在后来某种特定条件下也会想起来，就是似曾相识的错觉）。长期、频繁地接触这些信息，神经细胞会对同一图形或事件进行归类收集，并对它进行想象，最终形成一个特定的符号长期记住。下次再见到同一图形或事件时，会在脑海中调用这一对应的符号，也就是形成了认识。

为什么会出现熟悉的字不认识的情况呢？是因为再次的持续刺激使大脑神经细胞“罢工”了。试想，如果你认识一个字，再次遇到它时，不会是持续性地看着它，见到了，认出来大脑就完成任务，可以进行下面的工作了。由于工作要求，可能有人要长期或高频次地面对自己已经熟识的事物，比如工作表、文字、一个人的脸等。这其实是在进行另一轮的记忆，会使大脑对该图形或事件形成另一个全新的符号。但是，我们大脑已经有一个它的符号了，一山不容二虎，大脑神经细胞在此时的解决办法就是拒绝。或者说是一种疲劳，一种懈怠，一种提醒，都可以。有这种经历的人，如果能够停下手里的工作一段时间，在其他地方碰到这个字或这个人，就会恢复对它的认识。可见，长久的强烈刺激不一定是一件好事，除非是全新的事物。

以上说法也可以解释一些例外情况。比如，有时候就是偶尔看到某一事物，也会想不起来它是什么。原因可能有两种：第一，某些事物对大脑的刺激不明显，之前形成的长期记忆不够深刻，这一次还是对这一事物的强化记忆；第二，某些事物本身具有强烈的刺激性，大脑很容易一下子记住，再次遇到它时，它的刺激超出负荷了。

以上所说的大脑神经细胞“罢工”，在心理学上称为超限效应。这一效应在其他方面也有体现。例如家长溺爱孩子，对他们百依百顺，反而会有消极结果，可能会使他们变得懒惰，不负责任；如果对孩子过于苛责，可能会滋生他们的叛逆心理，甚至是对父母的仇恨心理，或者性格扭曲。所以说，施加教育，要特别注意不同年龄段的心理承受能力，不然就会适得其反。

不是手机在振动，而是你觉得它在动

当手机成为必需品，现代都市人，尤其是年轻人，普遍存在“手机幻听症”——手机明明没有调到振动模式，但是多次仿佛听到手机振动，拿出来一看，却没有任何提醒信息。另外，会不会有时候觉得别人在喊自己的名字？不过这些毛病大多会莫名地减轻。

如果你也有这种错觉，不用担心，这是一种正常的心理性错觉。如果不能自愈，那就要重视起来了。一部分人的现象更为严重，比如觉得远处私语的两个陌生人在说自己坏话。此时他的幻听已经不属于正常范畴了，是病理性错觉。更为严重的表现是，他可能还会觉得肚子里有人在骂自己。

幻听是一种听觉障碍，是人“真实地”听到某种声音，但是现实环境中根本没有相应的声源。临床方面，幻听的表现有两种：一种是假性幻听，比如上文中的听到肚子里有人在骂自己，听到的声音不是来自外界，而是自己身体内部；另一种是真性幻听，比如听到远处私语的两个陌生人在说自己坏话，其实他们是在说话，声源确实是存在的，但是说的内容与自己无关，而偏偏认为是在针对自己。

耳鸣与幻听有类似的症状，但耳鸣听到声响的频率和强度是稳定的，且难以自愈；而幻听听到的声响没有任何规律，且只要是非病态的，一般可以恢复正常。

精神分裂症患者多伴有幻听，而且是真性幻听。一旦和精神分裂结合起来，幻听就会有相当的危险性。对幻听者自身，他可能会苦恼于这种感觉，逐渐出现妄想，最终抑郁，走向自我毁灭；另一种情况，由于总是觉得外界在针对自己，甚至在谋划杀害自己，出于疯狂状态下的自我保护，他可能会杀害别人，从而危害到社会。

从正常幻听到精神分裂性幻听有一个过程：早期，人幻听次数比较少，像“手机幻听症”这样，和现实世界也十分接近，不怎么虚幻；随着病情恶化，次数增多，患者听到的东西越来越离奇，逐渐混淆虚幻与真实的世界，最终几乎完全处于梦幻世界里，听到的全是别人议论、批评或伤害自已的言论。而在我们看来，精神分裂性幻听者的表现是，自言自语，脸部肌肉痉挛，情绪波动极大。这种症状已经特别严重了，如不治疗，几乎没有自愈的可能。

常见的引起幻听的原因有：心理因素，如精神过度紧张、疲劳和惶恐；身体某部位疾病，如听觉神经中枢障碍或精神病；吸食或注射过量麻醉剂，吸食大麻等致幻药物，药物过敏等。心理学家认为，幻听是大脑听觉神经中枢对信号的错误加工。我们生活在信息爆炸的时代，海量声音信息刺激听觉，一旦精神过度紧张、疲劳或恐惧，就可能使听觉神经中枢对这些声音进行错误的加工和解释。比如听到某种声音时，主观地与过去某种不和谐的记忆交叉起来，就会产生时间和空间上的混乱感，从而错误地判断声音的来源，进而举止异常。

在信息化社会中，与幻听相对的还有幻视。比如有一位女精神病患者，会把她丈夫的头看成西瓜。为防患于未然，最好是发现自己几天之内有幻听、幻视的情况，就去寻求心理医生或精神科医生的帮助。

为什么在鲍鱼之肆中久了，就闻不到腥味了？

一项工作，有的人明明讨厌得要命，却能够一口气完成，这是为什么？不管是香味还是臭味，时间久了，都会没什么感觉，难道是鼻子不灵了？通过下面的说明，你会发现，这样的事情是有相同之处的。

我们都买过鱼，对鱼腥味是深有体会的。我们可以把鲍鱼之肆看成一个实验室。在电视剧《铁齿铜牙纪晓岚》里，乾隆帝、和珅、纪晓岚三人就进入这样一个实验室。尽管这个实验室通风，刚刚进去的时候，皇帝还是连忙拿扇子扇来扇去，和珅连打好几个喷嚏。时隔一个时辰，三人在鱼肆里对“鱼”的诗句，简直不亦乐乎。按理说，鱼腥味对鼻子是一种恶性刺激，时间越长越难以忍受，就像举重，举得起来，但举不了太久。可为什么他们时间长了就闻不到鱼腥味了呢？（他们可没有堵上鼻子。）原来这其中有一种**感官的自我适应机制**：感官在受到外界的持续刺激时，其感觉会发生适应性变化。这种感觉上的自我适应，也可以称为感觉淡化。

这样的例子有很多，比如晚上起夜，猛一开灯，眼睛什么也看不见，过几秒就好了；脚刚刚进入冷水池，不自主地又缩回来，尝试几次后扑通一下跳进水中，一点也不会觉得冷了；有的人可以在闹市读书，旁若无人。我们的五官，都有这种适应机制。但是其适应时间是有明显差别的。一般视觉适应比较快，慢一点的是听觉、嗅觉、味觉、皮肤觉（触觉、温觉、冷觉、痛觉）。触觉和痛觉恐怕是最慢的，甚至有时是极其困难。比如挠痒，怕痒的人可能会一辈子都怕痒；再比如流血，血一直流，人会一直疼。但是这种自我适应是有限度的。以流血为例，人会感觉到疼痛，也会自觉止血，如果没有痛觉不去止血，人就会因血竭而亡。这就涉及了自我保护机制。试想，人体也不会适应有毒的化学气体，嗅觉的自我保护机制就是打喷嚏。

有的人在面对一项棘手的任务时，一鼓作气，中间绝不暂停，正是利用了这种适应机制。工作困难，为什么不中间休息一下呢？我们可以回到鲍鱼之肆实验室上，如果让一个人反复从外面进入里面，但是只允许待几秒，几分钟下来，他会发现，这才是真正的难以忍受。因为时间太短，他还没来得及适应。同理，对于讨厌的工作，最好是鼓起劲儿埋头去干。好不容易适应了这种环境，如果中途暂停，那种感觉不就消失了吗？还要从头开始。尽管一口气干到底可能会有疲劳感，但是相比时不时休息，这样做既节约时间，又节约精力，最终还会有很大的成就感。

每个人都有梦想，可是大多数人的梦想，因为其中的繁重感而搁浅了。也许我们根本就没有从一开始就进入状态，自然也没有适应其中。我们应该重新审视自己的梦想，如果值得，拾起来，继续前进吧。

如果真正适应，绝对的内心痛苦就不会存在。最初快乐，因为适应机制，后面会寡然无味；最初痛苦，因为适应机制，最后会发现快乐，回味无穷。

“视而不见”和“充耳不闻”

有没有发现这样的怪事：边开车边打电话，很容易发生交通事故，但是如果副驾驶上有个人和你说话，发生交通事故的概率低于前种情况。同样是没有全神贯注开车，为什么两者会有差别？或者说，为什么有时候不能一心二用，有时候又可以一心二用？

“心”在这里指的就是注意力。其实人有时候可以一心二用，只是有一定的限度。亦即，注意力是有限的。之所以打电话时容易发生意外，是因为我们有过多注意力分配在打电话上了。应该说，是打电话这件事本身占据了我们绝大部分的注意力。因为打电话这种信息互换形式比较间接，它的“反射弧”比较长，我们除了短暂的等待，还需要短暂的反应。很可能是由于打电话就是在花钱，我们一打电话就会有一种紧张感。因此我们就没有足够的注意力来顾及四周路况和交通信号，对它们“视而不见”。再加上事故本身也多是突发的、意外的，也需要反应时间。而与旁边朋友说话的情况就有些不一样的，它更为直接，不管说什么话，总是容易理解的，就算有点困难，也可以立即发问。同时，朋友也会帮助我们观察。但从安全驾驶角度来讲，也不宜与旁边的朋友有过多交谈。

从生理上来看，大脑皮层中占据主导地位的区域兴奋时，其他某些区域只是受到局部抑制，此时这些区域就能控制一些动作同时进行。而如果该动作是习惯性的（比如吃饭的同时说话，说话是一种很普遍的习惯），与其对应的大脑皮层区域受到的抑制就会更小，从而同时进行的可能性会更大。事实上，这是某一动作能否与主导动作同时进行的重要条件。亦即，两项动作中，若有一项是习惯性的，两项动作很容易同时进行。因为熟练的动作不需要消耗人们多少注意力。再举一个例子，学生上课边听边记，因为对写字再熟练不过了，所以可以同时听和记。除了有一个是习惯性的，还要求两者或多者之间有某种联系，根本不存在联系的事几乎不能同时进行。当然，这种可能性可以培养出来，那时几个动作已经形成了某种反应系统，也就有了非常直接的联系了。比如一边画圆一边画方，通过训练，当画圆的同时，画方成为一种需要，两者也可以同时进行。著名效率管理学家史蒂芬·柯维说过：“一个人做事缺乏效率的根本原因，就在于没有固定的目标，精力太过分散，以至于一无所成。”

魔术师的基本把戏就是转移观众的注意力。他们从来不自己揭秘，但观众从心里知道魔术是假的。在我们没有看到真相时，只能不由自主地相信已经看到的事实。事实上我们看到真相了，只是“视而不见”。肯定有人记得某年元宵晚会上郭德纲和于谦表演猜灯谜的那段相声。郭德纲连续陈述每一站上下车的人数，问题却是过了多少站，而于谦的注意力早已转到了数字计算上。这是“充耳不闻”，也有更直接的“视而不见”。比如说，某人在集中思考某事时，另一个人用手在他眼前划一下，他没有反应，或者过了一会儿才反应过来。

以上两个现象都可以说是魔术。优秀的魔术师不一定要有多么高超、迅疾的手法，但是一定会巧妙地、自然地转移观察者的注意力。好奇心强的朋友一定会关注揭秘方面的视频。其实我们自己放慢视频播放速度，慢到可以仔细观察每一个动作，就会发现奥秘。当然了，同时不能受到其他干扰。你见过无声魔术吗？如果有，那么肯定表演者也会有大的动作。魔幻般的灯光、音乐场景往往要同时配合语言和动作。这些都是心理手段，是魔术师用来掩饰他移花接木之举的。

你一定又产生了错觉

错觉是在特定条件下产生的对客观事物的歪曲知觉，是指不符合客观实际的知觉，包括几何图形错觉（高估错觉、对比错觉、线条干扰错觉）、时间错觉、运动错觉、空间错觉，以及形重错觉、触觉错觉等等。

掂量一公斤棉花和一公斤铁块时，你会感到铁块重，这是形重错觉；落地玻璃窗的房间，与小窗户的房间比起来，落地玻璃窗的屋子的空间显得更大，这是整体一部分错觉；同一个人，穿横条纹的衣服显胖，穿竖条纹的衣服显瘦，这是图形错觉；同样重量的箱子，黑色的看起来比白色的重很多，这是颜色错觉；火车发车之前，感觉旁边的火车在移动，这是运动错觉；几乎所有的小孩，都觉得自己的妈妈比别人的漂亮，情人眼里出西施，这是爱的错觉。总之，错觉无处不在，不胜枚举。错觉可以发生在视觉方面，也可以发生在其他知觉方面，但以视觉错觉为多。

错觉是一种感觉误差，即所看所感的事物与实际情况不同，但是这不等于我们对周围的世界形成了错误的认识。由于生理和心理的原因，我们在一定条件下，一定会形成相应的错觉，没有这种错觉才是不正常的。

那么，形成错觉的条件都有哪些呢？第一是物质生活水平。经常饿肚子的孩子，偶尔吃一顿肉，会觉得那是人间美味；而一日三餐都有肉吃的孩子，会觉得不怎么香。第二是过去的经历。人对事物的知觉有细微差别，都是在各自过去的经验中形成的。如果同样的事物，出现在与过去很不一样的情境中，就会造成错觉。因为我们的大脑已经对它形成了固定的认识，还会按照过去的经验来看它。比方说小马过河的故事。松鼠有过同伴被淹死的经历，已经形成了小河很深的固定认知。而且对松鼠来说，这个认知是绝对正确的。就算让它摇身一变，变成小马，它脑中河很深的想法仍然不会改变。

各种错觉，是建立在生理基础上的。我们仅以横竖条纹为例，做一个简单的说明。看横或竖条纹时，我们的眼睛会不自觉地跟着它的方向走，这样才能形成完整视觉。我们的眼睛水平看到的距离比竖直看到的距离大。如果我们在某一距离刚好能看到一根水平放置木棍的两端，距离不变，把木棍竖起来，就不能看到其中一头，从而形成它变长了的错觉。我们总是水平看东西的，久而久之，我们会形成竖直的东西比较长的固定知觉。

有错觉的感观体验才是完整的、舒服的。我们不但要正确认识它，还应该利用它。可喜的是，错觉已经在影视、广告、军事等领域广泛应用。电影院里的放映幕布，都是横着放的，如果把它竖起来放，恐怕需要一个更大的房间，才能完整地看到影像。不过那样看到的影像也显得小了。

第四章

感知觉（二）

UFO？多是一种错觉

UFO，全称Unidentified Flying Object，中文译作“不明飞行物”。说到它，大部分人不会陌生，而且很多人坚信自己看到过。其实，他们不是真正亲眼看到。科学证明，有人说见到过天外事物，不过大多是一种错觉。我们对“不明飞行物”存在认识上的误区。

1947年，美国爱达荷州企业家兼飞行员肯尼思·阿诺德声称，他驾驶私人飞机穿越华盛顿州卡斯克德山脉时，突然发现机身左侧有闪烁的飞行物。他以为碰上了一架飞机，但与此同时，右侧又有9个圆形的奇特飞行物向雷尼尔山急速飞去。几天之后，美国新墨西哥州的罗斯威尔发现坠毁的外星飞船。从此，在全球范围内掀起了一股关注UFO的热潮，而且屡有奇异发现，此类报道、图片、视频不胜枚举。这些UFO都是地球人根本没有见过的，不是形状奇特，就是色彩诡谲。貌似可以得到肯定的答案：外星文明证据确凿地存在着。

像球状闪电、极光、海市蜃楼这样的天文现象和物理现象，也被当成不明飞行物。称之为不明飞行物，是因为对它们的奇幻之处难以给出明确的解释。不过，称为“高空不明物”更合适。因为从近几年的报道来看，几乎所有声称见到不明飞行物的人，其实只是见到某一物体悬在高空。也许它们有一点晃动，但是绝对谈不上“飞行”。回头想想肯尼思·阿诺德所谓的奇特飞行物“急速飞去”，其实也是值得怀疑的。因为飞机的速度也可以很快。高空不明物不一定是外星来的，绝大多数属于地球外层空间。我们的认识误区在哪里呢？在于把高空不明物和外星飞来物混淆了，不能说在地球上空的东西都是外星物体；我们又把外星飞来物和宇宙飞船相混淆，外星飞来物可以是宇宙飞船（如果有的话），也可以是其他物体。但是，几乎每个人一见到高空不明物，就会下意识地认定，那就是外星来的。三者在所指范围的大小顺序是：高空不明物 > 外星飞来物 > 宇宙飞船。

那么，为什么有人声称自己见到了外星物体呢？有人声称自己被外星人绑架过，又是怎么回事？外星文明存在与否，不是本书的考证范畴，我们只从心理角度来解答。在这一热潮背后，起支配作用的心理也是多样的。

首先，从当事者自身来看，他们可能根本没有看到 UFO，只是当前的东西有些奇特，勾起了之前见到的某一事物，比如飞机倒影，或者其他事物的残留影像。这时候，他就会不自觉地拿它来覆盖当前景物，并称为 UFO。每个人看到过的事物，都会在大脑留下印象。如果让我们主动回忆这些印象，可能无法办到，但它确实就留存在大脑里，可以被勾起。至于有人说他被外星人绑架过，甚至被送到手术台，情况也是如此，可能他当时进入幻觉，被童年时遭受虐待的景象笼罩了。

促成 UFO 说的，是人类的两个天性：一个是自我认可心理；一个是好奇心。我们从骨子里相信，任何现象都有一个合理的、科学的解释。当以自己的知识和见识无法解释看到的事物时，我们更愿意借用 UFO 的说法，毕竟已经有先例了嘛。殊不知，UFO 本义就是不明飞行物，他用一个自己认为清晰，但实际模糊的名词来解释自己模糊看到的东西。还有好奇心，对于人类，任何没有见过或少见的事物都是奇特的，都是神秘的。如果一个人有幸一睹外星物体，多少说明他的命运是非凡的。另外，还有很多坚信外星文明存在的人。就这样，我们是不自觉地被引到 UFO 上的。这种相信是盲目的。除此之外，当然也有故意炒作者，想引起群众关注。

再者，UFO 说一经传出，必定迅速炸开，一时间尽人皆知。这又是为什么？这是从众心理在作怪。当事者转述给第二个人的时候，一定是异常激动，极其生动的；而接下来的人在转述的时候，更是会添油加醋、绘声绘色。本来还不十分确定是不是外星飞来物，到后面就是板上钉钉，没有任何怀疑了。一个人听了这么多人肯定的描述，尽管他未曾亲眼见到，也会深深相信，并继续传播。如果他又是外星文明崇拜者，说得就更逼真了。

可见 UFO 热多是心理错觉。不过，UFO 存在与否是无关紧要的，现在有的科学家也在研究。是有还是没有，可以当成谈资，调剂生活，流传开来也无可厚非，但是一定要正确对待。

为什么人人都觉得自己独一无二？

所谓算命大师的灵验，只不过是我们对号入座。几乎每个人都相信自己的能力超出常人，自己独一无二。算命师利用这一点，无形地挖了几个坑，然后我们找合适自己的，跳进去。

一项调查显示，94% 参与调查的人认为，他们的幽默感高出普通人的平均水平；80% 的司机说，他们比一般的司机驾驶技术更娴熟（包括那些因交通事故躺在医院的司机）。人有时会高估自己，并相信别人也会高看自己，这叫作**虚假同感偏差**。人们读书时，时常有这样的情况发生：花费很多精力和时间写了一篇作文，自我感觉写得非常好，拿去给老师评阅，心想肯定会得一个优，结果只是获得了一个良。

我们的劳动成果在别人眼里不被赏识，不是因为别人不懂，而是我们为了保护自己，把它夸大了。然而，这种夸大也只是对别人而言，对自己就不是夸大。付出劳动之前，要完成到怎样的程度，自己心里已经有了一个期待。当劳动结束时，自己如果满意，其成果一定与心中的期待完美相符，无可挑剔。如果不满意，自己会继续劳动，直到满意。但是，这个期待不是别人的期待。可能我们的劳动成果会高于或低于别人的期待。但他们在评价时，不是以我们为中心，而是站在旁边，所以更为冷静客观，好像是给我们“泼了一盆冷水”，其实更能反映我们的真实水平。

不仅在劳动成果上，在其他方面，也有虚假同感偏差。当给自己喜欢的同学投票时，就会觉得这位同学的票数肯定高，因为感觉别人也会投他一票。当自己读到一本励志书并自认为是最励志的书时，给朋友介绍，他可能会说：“哦，我看过了，里面大部分见解是对的，但是不深刻。”

除了虚假同感偏差，人还有一种独特性错觉，也叫自我本位偏见。它说的是，每个人都相信自己的命运、性格、审美、经历等与众不同。现在有一些流行词叫“撞衫”“撞脸”“撞机”，是说自己发现衣服、脸型、手机和别人的一模一样，有些不爽。可见，我们心里都渴望有天下无双的特殊性。

所有声称自己通过手相、面相、生辰八字知晓人的性格、命运、前生、来世的人，他们正是运用自我本位偏见和虚假同感效应给人造成他拥有知晓人性和过去的超自然能力的假象。

大部分人请人算命，都是遇到不顺心的事情，或者感觉自己运气不好。所以算命的人会尽量说好话，我们想听什么，他们就说什么。他们的大部分说辞也都是含糊不清的，可以有多种解释。比如责任感强、待人友好，这样的性格几乎人人都可以有。如果一个人没有，受到这样的鼓励也会轻易相信自己有。同时，他们也会陈述缺点和不足，以显得真实。“你待人友善也有自己的原则，在某些关键问题上，你丝毫不会妥协。”如果初步判断一个人内向性格，他们会说：“你在外人面前表现很内向，但在熟悉之后就可以完全放开。”试问谁又不是这样呢？

他们从来不会把问题说得具体，这是在给自己留后路。最常见的掩饰方式是，扩大已经被认为有误的说辞的覆盖面，把柠檬变成柠檬水，用喻义对具体话语进行开脱。

我们总是希望自己不同于常人，优于常人。事实是，我们是几十亿人中平凡的一员，并且惊人地相似。我们都是平凡的人，有时会不由自主地由心来主宰思想，容易冲动而被假象迷惑。

严格来说，每个人都是独特的，不过是在细节上的独特。虚假同感偏差需要及早修正，否则长此以往容易导致自恋、抑郁等心理问题。除了自己把握，还要注意其他影响虚假同感偏差的情况。第一，当外界归因强于内部归因时。比如一个人经常受到表扬，就可能会对自己有过高的期待，并认为他人也会有如此评价，最后大失所望。第二，当行为或者时间对于行为者特别重要时。第三，当一个人坚信自己的观点或非常确定某件事情处理结果时。这是一种自信的表现，但过于自信也会使偏差增大。第四，自己的地位或正常生活受到威胁时，虚假同感偏差会减弱。

我们要告诫自己，让所有人都欣赏自己的劳动成果是永远不可能的。有时候，你做一件事，希望一万个人懂，到最后只有一个人懂，那也就足够了。而这个人，可能就是你自己。

心灵感应真的存在吗?

生活中，你肯定遇到过许多这样匪夷所思的巧合：

- 和朋友一起散步，嘴里正要哼唱一首歌，他竟然先唱出来了！
- 和同学刚谈起某人一句，他就出现了。于是你会说："说曹操，曹操就到。"
- 情侣分别后，背向而走。你走了几步，一回头，发现对方也正在回头看自己。
- 正想喝酸奶，男朋友就从身后"变"出来了。

- 受伤的手指经常会被碰到。
- 成龙在电影《双龙会》里，泰山打架撞到铁门，他的双胞胎兄弟马勇在百里之外也胳膊疼。

以上种种现象，在第一次听说或见到时，确实很不可思议。那这是怎么回事呢？你肯定会说：心灵感应，思维同步，双胞胎就有这种现象啊。那么，人人具备这种能力吗？对一个完全陌生的人，可以用心灵感应给他下命令，使他和自己思维同步吗？答案是否定的。心灵感应不是一种能力，对陌生人几乎是无效的。如果有效，那纯属巧合。

其实，心灵感应的说法不过是自我说服而已，是不存在的。然而，不管科学研究如何证明，这一说法仍然被广泛认可，为何如此？这就缘于人类内心深处的恐惧感。关于这一点，心理学家已经有了很好的解释："人类在与大自然的长期斗争过程中，对未知的大自然和浩瀚的宇宙，产生了深深的恐惧。为了消除这种恐惧，人们企盼奇迹出现，来战胜自然，并且希望拥有创造奇迹的能力。"所以，我们更愿意相信，超出因果关系之外的事物是确实存在的。心灵感应就是其中一种。并且，我们很自然地把它当作一种能力。

如果真是能力，为什么它不可控？从这一点就可以看出，这些都是巧合。形成这些神奇巧合的原因，既有客观的，也有主观的。

从客观方面说，频繁出现偶然事件的唯一办法，就是大量随机事件的发生。这就像掷骰子，要想出现三个六，只能多投掷几次。心灵感应是两个人的事，这就要求他们的生活有大量交集。你会发现，心灵感应的奇妙现象在家人等关系亲密的人中出现得更多，因为他们曾经或现在朝夕相处。他们吃在一起，睡在一处，玩在一块，自然而然地对彼此的想法和行为习惯越来越熟悉。科学证明，精神可以反过来影响身体。两个人的想法越来越相似，共同点越来越多，大脑结构也会随之有所相似。所以，在面对外界刺激时会有异常一致的反应，或者出现思维同步。而双胞胎的大脑结构的相似程度本来就比一般人高，再加上他们有着共同的生长环境和教育环境，产生同步也就不稀奇了。

从主观方面说，除了上面说的自我说服，还有我们对外界事物的选择性感知。我们对众多随机事件都有各种各样的感知，但是只选择接受了特征鲜明的偶然事件。以“受伤的手指常被碰到”为例，因为它受伤了，本身就疼，我们对它的注意也比其他手指多很多，一碰到感觉就更鲜明了。其实碰到其他手指的总的机会，远比受伤的手指多，但是，即使碰到也无关痛痒，所以这些没有什么鲜明感受的偶然事件，被我们忽略或忘记了。累积多了，总是只留意受伤的手指，自然就会有“受伤的手指常被碰到”这样的规律。

所谓第六感，也是同样的道理。可能有人会问，同步是两个人的事，而第六感是自己对未来事情的预知，怎么会一样呢？事实上，第六感不一定都是对未来事情的预知，但一定是对远处某事的感应。它可以在事情发生之前、同时、之后产生，同时或事后产生的才是预感。最常见的第六感就是对坏事的神秘感应。然而，我们无法感应到发生在一个陌生人身上的事。因为第六感还是要基于对一个人的思维和习惯的了解。通常情况下，他就应该在某时某地做某事，如果没有，肯定有什么事耽误了，而这种耽误多是意外，甚至是事故。那么，怎么解释事前预感到的情况呢？原因是，我们对事情发生的环境也相当熟悉，如果有一点改变，或者完全是陌生的环境，我们内心自然会产生焦虑和恐惧。非常态的环境，也很容易使原先的事出现变化。这种变化可能是好的，也可能是坏的，但是，我们总是选择记住坏的。

一些预示性的梦，也属于心灵感应。这种梦常分为两类：一类是，完完全全梦到将来会发生的事，而且这件事也确实一模一样地发生了；另一类是，梦中场景和未来事情发生的场景十分吻合。日常生活信息在我们脑海中大量累积，就会形成潜意识。潜意识是一种大脑察觉不到的思维活动，或者说还没有达到意识状态。大脑对某一事件的潜意识，却可以通过梦的形式察觉到，并做出反应。也就是说，做梦，可以使大脑感应到以前感应不到的事。当然，梦是复杂的，本节所叙，只是其中一种。

“这个妹妹我曾见过的”

在《红楼梦》里，林黛玉进贾府时，见到贾宝玉的第一反应是：“好生奇怪，倒像在哪里见过一般，何等眼熟到如此！”贾宝玉见到她时也说：“这个妹妹我曾见过的。”

这个故事是证明人与人之间似曾相识现象的典型。不过，它也提示着，所有的似曾相识，都来源于真实的记忆。在《红楼梦》第一回里，神瑛侍者（贾宝玉前生）和绛珠草（林黛玉前生），二者早已彼此相识了。现实生活中，我们也会在公共场合和单独场合，惊异地感觉某一个人好像在哪里见过。不是好像见过，是确实见过相似的人。当然没有小说里那么传奇，是在前世谋面，而是在很久前的偶然记住，或者在梦中记住。说记住也不正确，因为当我们尝试回忆与似曾相识的人的共同经历时，却什么也回忆不起来，应该说是印象残留在脑海中，然后被唤起。

要充分了解其原理，就要先知道记忆是怎么回事。

人的所有活动都是由大脑控制的，记忆是大脑的高级活动。记忆承载于细胞群，细胞群被强大的化学作用联系在一起。记忆本身就是神经细胞之间的联结形态。我们人脑中调动某个记忆时，就是在激活特定的神经细胞。

如此之多的神经细胞，由谁来承担索引的任务呢？大脑边缘系统的海马体。除了索引，海马体更重要的作用是形成永久或短期的记忆。

海马体又名海马回、海马区、大脑海马，由于形状和海马相似，因此被称为海马体。人有两个海马体，一个在左脑半球，一个在右脑半球。海马体主要负责记忆和学习。海马体的功能相当于电脑的内存，既执行命令，又可以短期存储。日常生活中，各种信息刺激视觉、听觉等感知器官，都形成短暂的记忆片段。记忆片段储存在海马体中。如果一个记忆片段，比如一个电话号码或者一个人，在短时间内被重复提及，海马体就会将其转存入大脑皮层，成为永久记忆。海马体比较发达的人，记忆力相对会比较强一些。如果海马体受伤，海马体部分失去作用或彻底失去作用，会导致人失去部分或全部记忆。

存入海马体的信息如果一段时间不被使用，就会被自行“删除”，也就是被忘掉了。而存入大脑皮层的信息也不是永久存在，如果长时间不调用，大脑皮层也有可能“删除”它。储存或“删除”某些信息，不是大脑皮层有意识的判断，而是由海马体来自行处理。在这一点上，特别像电脑内存。内存本身具有短暂记忆性。就算可以长期记忆，但由于容量有限，为了保证电脑正常工作，内存不得不自动清理一些长期不用的后台记忆。

在这些记忆清除之前，如果在某一天被一个与它相似的人或事物勾起，大脑就会形成鲜明的记忆。即使这些记忆真的被清除了，也有可能再次被唤起。因为，凡是走过必留下痕迹，痕迹是无法清除的。承担记忆功能的是细胞，形成记忆靠的是海马体。信息在两者身上都会留下不可擦除的痕迹。同样的道理，因为有痕迹，我们可以用数据恢复软件恢复几乎任何数据。因此，我们看到电影或小说里的某些情节，我们以前在地铁、公交站见到的面孔，甚至在梦里见到的景象，都会在大脑中留下有意识或潜意识的记忆。随着时间推移，有意识地记也会变成潜意识地记。忽然有一天，我们处于类似的场景中，或见到相似的面孔，会唤起之前的亲身经历。只不过我们意识不到，就产生了前世的猜测。

似曾相识的现象在青年人和更年期的人身上更容易出现。因为他们或者记忆活跃，或者内分泌剧烈变化情绪不稳定。而与情绪有关的记忆更容易被记住，有的恋人在多年后，还记得分手前说过的话。

“一目十行”是什么道理?

有的人可以一目十行，别人一个月才能看完的书，他几个小时就看完了。这对于注重细节的人，恐怕永远也无法实现。不过，看完这一节，你会发现，这种能力未必是好事；如果你想，也可以轻易具备它。

所谓一目十行，重在一个“快”字。请快速浏览下文：

今天我们出门游玩了，从鼓楼到平安大街。我们在南鼓锣巷里逛遍了各种门面，吃了许多小吃。虽然人很多，但我仍在南鼓锣巷收获了一种悠然自得的心情。

如果你真是在浏览这短短几十个字，恐怕只用三秒就可以完成；如果你没有快读的习惯，逐字逐句地读，一定会发现其中的错误。没错，就是“南鼓锣巷”这四个字。正确的顺序自然是“南锣鼓巷”。为什么快速浏览起来会忽视这一错误呢？其实是“脉络效应”在作怪。脉络效应指某个事物所处的情境会影响我们对这个事物的认知。我们在读文章时，特别是只求大意、快速阅读时，不会把注意力放在文字上，而是放在文意上，最重要的是会根据文章脉络自行推测下面的内容。这就是**脉络效应**。以上文为例，正是“从鼓楼到平安大街”使你形成了脉络，因为从鼓楼到平安大街就是南锣鼓巷。此时，“南锣鼓巷”已经浮现在头脑中，就算下文中这四个字出现顺序颠倒，你也不会注意。也正是脉络效应作怪，我们人工检查文章中的错别字时，如果一目十行，速度很快的话，就很可能会有遗漏。

生活中，这种图形脉络效应有非常重要的应用，那就是简笔漫画。只要给出一张脸部轮廓，眼睛、鼻子什么的可以画得非常简单，但是观众一眼就能看出画的是什么表情，而且往往比精细的描绘更为传神。现代年轻人聊天用的符号表情，甚至把轮廓也省略掉，什么笑脸、沮丧、抑郁、发怒，都可以以极其简单的数学或标点符号组合展现出来。

脉络即条理和头绪，是人们基于个人生活经验，对处于某一情境下的图形或其他信息，推出其相应环境和发展顺序的逻辑思维。但这一思维过程特别短，接近于潜意识。因为是基于个人经验，并不是所有的人都会有脉络效应。在一个全新的事物面前，没有人会有脉络效应。人之所以能一目十行，是因为读的某一类书多，或对书中的事物熟知。

工作中，我们常常认为谁谁是个大马虎，总是犯一些低级错误。其实，这种错误也多是脉络效应的结果。你没有犯错，只能说明你能够集中注意力，但是，一旦工作量加大，需要加快速度的时候，谁也难保不犯类似错误。

可以不用度日如年

时间是每个人生命中的一个永恒课题。我们在感慨它无情流逝的同时，还会有“度日如年”和“度年如日”的感觉。爱因斯坦有一个精妙的比喻：“当你和一个美丽的姑娘坐一起聊两个小时，你会觉得只坐了一分钟；但是炎炎夏日，如果让你坐在炽热的火炉旁，哪怕只坐一分钟，你都会感觉好像是坐了两个小时。这就是相对论。”

热恋中的男女总觉得时间过得飞快。

做一件困难的事时，越到后面，越是煎熬。

红灯有 50 秒，人们内心焦急地注视着信号变化。终于有一个人耐不住，横穿了马路，紧接着所有人也都闯红灯。

我们对某段时间的感觉会因为在这段时间里活动内容的趣味性使自己的心情有变化。如果感觉时间过得很快，不是因为内容本身趣味性很强，就是因为我们的心情愉快；如果感觉时间过得慢，是因为所做事本身就没什么意思，或者心情郁闷。当事后回忆起来，我们没有了当时的痛苦和喜悦，就会发现，时间并没有那么快或慢。在事情进行过程中，如果掺入个人情绪，我们的大脑就会产生时间飞快和难熬的错觉。

时间总是以它固定的速度流失的，可为什么我们在不同情境之下会有不同的时间错觉呢？

汤姆斯·布朗说："人是为了内心所形成的各种感受而生活。"感受不外乎苦和乐，趋乐避苦是人类的本性。因为我们在心底希望痛苦快点过去，无论苦的感受和环境如何，总是觉得痛苦时间太长。相反，我们希望快乐的时间越长越好，而且，我们享受其中，就会忘记时间流逝。所以我们才会时常"欢乐嫌时短，寂寞恨更长"。

在一个时间周期内，人们还会感觉前面的时间比后面的慢。俗话说，年怕中秋日怕午，一周就怕星期三。因为在前一段时间里，我们感觉后面还有很长时间，不着急；一旦过半，我们开始感到时间所剩不多了，越到后面，越会着急，觉得时间过得飞快。人的一辈子也是这样。以三十岁为界，三十岁以后，我们会时常感叹时间过得真快，同时怀念着童年的"那时候天总是很蓝，日子总是过得太慢"。

不论是一段时间里的一种错觉，还是一个周期里的不同错觉，其形成原因都是这样：因为事情本身价值低，我们不能全身心投入，就去关注时间本身从而产生快或慢的感受。如果能够在每一分钟里都做高价值的事情，我们会投入全部的注意力，无暇反观时间，就不会有太多的喜悦或痛苦的感受。这其实也是利用好了每一分钟，进而我们的一生都是非常有意义、精彩纷呈的。

利用好每一分钟，并不是时时刻刻都紧张工作，而是尽量从每一分钟里获得满足。这种满足既包括取得一定的成就，又包括消遣随之带来的愉悦感受。无论怎样，所做的事情都必须是高价值的，足够吸引我们的。对于不同的人，高价值的事情难以统一。但一般来看，下列事情的价值比较低：

无趣无聊的事；

别人希望我们做的事；

机械重复的事；

自己不擅长的事；

总是被打断的事；

没有保障的事；

合作伙伴不值得依赖但仍要进行的事；

完全知道进行过程的事。

在高价值的事情中，也有轻重难易之分。只有给不同等级的事安排充分的时间，才是合理高效地利用时间。

要培养合理利用时间的能力，可以在一个周期内，抽一定的时间来计划此周期的活动。这个周期越短越好。心理学家发现，遥远的距离会产生不真实的感觉。当你把一件事的完成期限定在很远的将来时，因为它显得不真实，你会觉得它不重要，同时会认为，还有足够的时间来做，所以一直拖延着不做。有的人把自己的人生理想定得很远很高，往往不能实现。因为他已经觉得那个理想不再像开始那么重要了。相反，很近的目标使人觉得它很清晰和重要。

除了上述办法，还可以：不懊悔任何事；学会分主次详略地做事；自己难以完成的事，就不再执着，去寻求更专业的帮助；每天早起，创造更多可利用时间。

第五章

梦境和潜意识

为什么人人都做梦?

人们总是把理性不能认识的事物当作一种超现实的或唯心的存在。对复杂多变、绚烂多姿的梦境就是这样。有人梦见过伤心的过去或现在，有人梦见过美丽或危险的未来。其实，梦境就是现实，它反映了一个人心中所想。

- **一位60岁老人经常梦见自己从悬崖坠落，从梦中惊醒。**
- **乔里·奥昆纳梦见了泰坦尼克号的沉没，就放弃了首航船票。因为一场梦，幸免于难。**
- **林肯在遇刺之前梦到自己死后的情形。一梦成谶。**

20世纪60年代末，梦境研究人员做了一个实验。他们检测了一些做过重大外科手术，同时需要心理治疗的病人的梦境。发现，这些病人夜晚的梦境和他们白天接受治疗的情景十分相似。

“日有所思，夜有所梦”的规律已经初见端倪。

精神分析学派创始人弗洛伊德曾说，梦是愿望的满足。每个人每天都有无法满足的愿望。梦中场景就是白天愿望的再现。这一愿望甚至可能日后多次被梦见，虽然不是完全复制，但围绕的主题是一样的。弗洛伊德曾在睡前控制饮水，在口渴状态下入睡，结果他就梦到自己在寻找水源，并最终在泉边畅饮。后来有心理学家又让32名大学生在空腹几天的状态下入睡，结果几乎每人都梦到美味的食物，并狼吞虎咽。

我们带着问题入睡，并在睡梦中处理这些问题。心中未完成的情结，可能会在梦中寻找真谛。这听起来确实非常奇幻。然而，“愿望满足说”不适用于所有梦境。前面列举的三个例子都是噩梦，难道会有人白天希望自己遇到坏事吗？当然不是。梦境反映的是给人们造成一定程度困扰的事情，更是心里焦虑的集中体现。日有所思，夜有所梦，而个人愿望只是“思”的一种。愿望得不到满足，或者意识到某种威胁，就会有焦虑；完不成工作，会有压力；电视里看到恐怖画面，内心就会极度恐惧。焦虑、压力和恐惧，都是“思”，都可以在梦里得到反映。林肯被刺杀之前，已经觉察到了明显的被刺杀的迹象，并为之内心焦虑。他梦到自己死亡，就是焦虑的反映，也是有理有据的思考。

或者，说“日有所见，夜有所梦”更为合适。但如果白天所见大多是负面刺激，尽管我们的大脑会避开负面思想，但是刺激已经进入潜意识。有的人连续几天做同样的梦，一个可能的原因是愿望太过强烈；另一种情况就是，一次经历的刺激过于强烈，化成潜意识，在梦里回放。睡眠科学家研究发现，超过80%的梦境都与甜蜜无关，都是负面事件。负面信息要比正面信息具有更强的刺激效果。

梦还有其他成因：人在长个子时，可能会在此期间大脑连续出现与波动有关的梦境；一个梦，做过几次之后，大脑就会有一定的认识，也会自主地不断呈现；梦境也可能是人类远古的回忆，相传人类早期是在树上睡觉的，经常从树上掉下来，所以有的人经常会梦见坠落；如果在松软的沙发上睡觉，也可能会梦到陷入泥潭或坠落的场景，这说明梦境也与睡眠环境有关。但无论是哪种原因，梦都是现实的反映，不是超现实的存在。

以上可以回答人为什么会梦到过去或最近经历的事情。而有的人梦到了未来，这又如何解释？仍以林肯为例，他梦到的是未来，但也是过去和现在。过去、现在、未来，三者之间没有断点。我们带着问题入睡，并在睡梦中处理这些问题。如果睡梦中没有处理完，未来还会再在白天或夜晚处理。调查显示，世界上大约有 1/3 的人会在生活中遇见梦中的场景。黑夜是白天的另一面，梦境是现实的另一面。梦里的信息会存在于潜意识中，时隔很长后，一旦有相关线索出现，就会被牵引出来。那时我们会惊讶地告诉自己：原来这件事我梦到过。这只是概率问题。

人们坚信梦可以预见未来，是因为选择性地记住了做过的梦。假如我们做了一个梦，第二天发生的事情正好和梦境相符，我们很快就会想到自己做了一个有预示意义的梦。可这样想的时候就忽视了我们经常做梦，却没有都成为现实的情况。

人的意识在晚上是要休息的，做梦更多的是大脑潜意识的任务。人们每晚平均要做四次梦，每次持续的时间大约是 20 分钟。梦中的内容一般是模糊的，等意识醒来，也就是人清醒之后，就会忘记做过什么梦。而一些噩梦，或者梦中忽然醒来，人会有比较深刻的印象。事实上人记住的梦也是模糊的。这种模糊性也增加了梦境预测未来的神秘性，因为即使未来的现实与梦境存在一些细节上的不符，我们也会忽略。

梦是现实的反映，不难想到，如果白天我们对现实有足够的反思和控制，就可以控制自己的梦。

梦游是怎么回事?

梦游的特征是伴有日常活动，如果只说话，就是单纯做梦了。人在梦游时，虽然半睁或完全睁开眼睛，但是，基本上什么也不看。因为对周边环境十分熟悉，很少碰到东西。他们表情呆滞，正常行走，说些奇怪的话，做奇怪的事，对刺激反应不灵敏，难以唤醒他们。一旦唤醒，他们竟然对“梦中”的行为一无所知。

基于这些奇异之处，人们把梦游视为灵异，而且还形成了几种认识：见到某人一次梦游就说他有梦游症；梦游与梦魇有关；梦游中的人会做出危险的事；叫醒梦游者是极其危险的。可惜，这些都是偏见。

梦游十分常见，多发生在男性或儿童中，尤其是活泼好动、想象力丰富的儿童。成年人患上梦游症，多是小时候的后遗症。梦游症不等同于梦游。只有长期或持续有梦游现象才能称为梦游症。如果把仅有一次梦游经历的人也算作梦游症表现，全世界梦游症患者的数量远远超过现在。

梦游的生理机理是：大脑皮层细胞有“兴奋”和“抑制”两种状态。“兴奋”使人正常活动思考，“抑制”使人休息入睡。当某些支配运动的大脑皮层细胞在晚上仍处于“兴奋”状态时，人就会梦游。由于不是身体细胞全面工作，这种单纯的运动缺少其他活动细胞的支持，就会显得呆板，因此才会出现上面讲到的梦游中的活动特点。值得一提的是，所谓催眠，就是人为制造了这样一个兴奋中心，而控制其他部位。或者说，梦游就是一种催眠状态。

目前还没有一个统一的、公认的梦游成因。心理学家研究结果显示，梦游可以遗传。也有专家认为，梦游是一个人对某种郁结情绪的发泄——梦游症患者多半有早期痛苦经历，而焦虑症和恐惧症也会加剧梦游症。儿童的生理特点本来就容易患上梦游，也有少数是其他疾病引起的，不过一般没有大碍。如果成人长期梦游，就要引起重视了。因为他极有可能患有人格分裂或其他神经官能症。

梦游者并不是在做梦，自然与梦魇无关。科学家根据脑波图，把睡眠周期分为五个阶段，即入睡期、浅睡期、熟睡期、深睡期和快速动眼期（做梦期）。前面四个阶段又称作非快速眼动期。人们做梦大多发生在快速动眼期，而梦游发生在熟睡期和深睡期。

人们倾向于认为，梦游者意识不清醒，容易有危险举动，比如跳楼、撞车甚至杀人。但是，从一般规律来看，梦游中的人只是做出一些生活中常见的动作，鲜有攻击他人或自我伤害的行为。如果有，可能与他的个人经历有关，亦即，他是在发泄某种情绪。这个时候，我们就应该唤醒梦游者。但是，很多人听过这样的劝告：千万不能叫醒梦游中的人，不然会把他吓死。其实这是故作惊人之说。梦游者跳楼这样的事情，往往是他们自己造成的。所以，我们更有责任叫醒他们，虽然他们醒来后会茫然不解。这对治疗梦游症也有一定的帮助。

不是鬼压床，是“心压床”

清晨，意识先清醒了，心里鼓励自己：“为了更好的明天，我要努力工作，快点起来！”想抬动胳膊的时候，却抬不起来；想转身，怎么也不能动弹。好紧张，好害怕，胸闷、惊恐、心跳加快，大喊救命，却听不到自己的声音。有什么东西压在我身上，真重！开始产生幻觉，呼吸越来越沉重，直到一点也动不了。绝望地再次睡去。过一会儿又睁开眼，这次可以动弹了。

这一番描述很多人不会陌生。没错，这就是所谓的鬼压床。鬼压床在医学上称为梦魇或睡眠瘫痪症，简称睡瘫，表现如上。我们想不通，好好的身体，为什么不听自己使唤了。当百思无解的时候，身边有同样经历的人说那是鬼压床，我们一下就明白了——对，就是那么回事！从此对鬼压床的说法深信不疑，并把这个“绝对真理”告诉有同样恐怖经历的人。

这种解释是反科学的。必须正确地认识它，才能免受其害，远离压床的“鬼魅”。

这个“鬼魅”就是我们的心。兴奋过度或精神过分紧张，都会引起睡瘫。它们会使大脑系统得不到充分休息，进而身体得不到充分休息。我们白天在重压之下工作一天，到晚上就会身心俱疲，此时要尽快入睡，以得到良好的调整和能量补充。如果经常缺乏睡眠，作息不规律，就可能会出现睡瘫。

焦虑、恐惧、兴奋等心理原因，最终要作用在生理方面。而生理方面直接出现偏差，也会导致睡瘫。老人出现睡瘫的概率大一些，这和他们的失眠症有关，也可能是鼾症。此外身体虚弱也是一个病因。睡眠环境差，比如枕头过高、被子太厚、睡姿不良、手压胸口，比较容易导致血流不畅，心脏和头部缺血，睡眠时就容易出现眩晕、心慌、胸部有压迫感、眼发黑、耳鸣和各种神经功能障碍。晚饭过饱、服用会引起低血压的奎尼丁、倒不过时差，这些也是睡瘫的隐患。

睡瘫是大脑神经中枢与运动神经中枢不同步苏醒造成的。在人类睡眠的五个阶段中，睡瘫一般出现在入睡期或做梦期，也是半清醒或准备苏醒的时候。因在做梦期出现的次数更多，所以也称为梦魇。我们都知道，人的身体活动受大脑支配，大脑通过神经信号与肢体连接。在做梦期，这一连接是暂时中断的，这是为了防止睡眠中的肢体把梦境反映到现实中，比如睡觉时蹬床、打人。当大脑已经从睡眠中苏醒过来，来不及与身体重新取得连接，身体就会比大脑醒得晚，此时人的意识清醒，身体却僵硬，半睡半醒，这就是睡瘫。身体醒不过来，就不能与大脑协调。此时肌肉张力最弱，不足以支持四肢动弹，所以想用力也无法用力。

心理学家认为，压力过大很容易引起神经紧张，焦虑和恐慌会使快速眼动期提前，出现睡瘫。所以，适时放松是避免睡瘫的有效办法。此外，要注意按时作息、适量饮食，枕头高度在 8~12 厘米最为合适。趴着睡或蒙头睡也容易遭遇睡瘫。原因在于，趴着睡血液流通不畅，身体陷入无知觉的状态；而蒙头睡，则会脑部缺氧。

不是每个人都会遇到睡瘫。美国有调查显示，有 40%~50% 的人一生至少要遭遇一次睡瘫。一般在青少年中较为频繁，其中直接的生理原因、睡眠习惯等因素导致睡瘫的情况较多，普通成年人多是因为长期心理压力过大。

睡瘫很少会连续出现，也没有并发症。

小心！你可能在被催眠中

催眠一直被当成一种非常奇特、高深的本领，其实它远没有电视上显得那么神秘。训练有术的话，你也可以学会催眠。而且在生活中，我们时常处在自我催眠的状态中，只是自己没有意识到罢了。

催眠状态是指被催眠对象受到视觉、听觉或触觉方面的刺激后，进入一种高度可暗示性的、半睡半醒的状态。而致使出现这种状态的技术，便称为催眠术。有趣的是，动物也可以被催眠。对于人而言，还可以通过言语暗示进入催眠状态。所谓高度可暗示性，可以这样理解：催眠状态中的人或动物，极易接受催眠师在知觉、记忆和控制方面的指令，做出相应的反应。在此状态下，人的自我主观意识极其微弱，潜意识特别活跃。因此其知觉、情感、思维、意志和行为等心理活动，都与催眠师的言行建立独特的单线联系，当然也就会对催眠师的指令“言听计从”。必须指出，催眠是一种近似睡眠而不同于睡眠的状态。事实上，催眠不能使人真正进入睡眠，否则被催眠者无法对任何暗示做出反应。

以上只是狭义上的催眠。说我们常常在自我催眠之中，就是从广义角度出发的。只要是由特殊刺激引起心理状态的改变，都可以称为催眠。或者说，我们的心理一旦适应了某种刺激，就进入催眠状态了。经常驾车的司机朋友肯定有这样的体会，驾驶时间一长，就会沉浸在单调的马达声中，如果不是看到道旁醒目的标志或者驶入弯道，就很容易发生车祸。其实这就是一种催眠。我们也可以这样理解，注意力高度集中时，就进入一定程度的催眠了。

有人说：“我这么聪明，怎么可能被催眠，只有那些智商低的人才会被催眠。”恰恰相反，越是高智商的人，越容易被催眠。能否被催眠，要看下列条件满不满足：

- 年轻，智商高，想象力丰富，好奇心强，容易集中注意力。
- 心情放松，依赖催眠师。
- 环境安静、舒适、温馨。

这只是被催眠的适宜条件。事实上，就算一个人并不十分具备被催眠的条件，只要催眠师付出足够努力，也可以将其催眠。米尔顿·艾瑞克森是一位催眠大师。他就可以成功催眠其他催眠师最终无法催眠的人。使用的方法是长时间无聊、重复的对话。这对催眠师来说，是很耗费精力的。

仍旧从广义上来讲，看看我们是怎样被铺天盖地的广告催眠的吧。广告的特点是强烈的视觉、听觉或记忆刺激。我们在地铁站等车，必然会看到夺目的墙面广告。你看，广告设计一定是给产品一个鲜明的特写，而且文字说明也会在颜色、大小、样式上差异化，最重要的，会有一个明星或权威人士在“体验或推荐”这一产品。也许你第一次看到时会说，这东西我根本不需要，这东西没有说的那么好。但是，长时间的刺激必然会改变你的评判机制。而你的评判机制一旦改变，就可能会诱发原本没有的需要。前些年某品牌有一则广告，其中将十二生肖，从鼠到猪，每个都重复三遍，隔几分钟就播一次。它就是在通过大量重复来催眠我们，而且是在我们清醒状态下。

如果有兴趣学习催眠术，可以先大致了解催眠的程序：

- 询问解疑。这一阶段是为了使求助者进入安全放松的状态。可以问他想通过催眠解决什么难题，也可以对催眠做个大致介绍。
- 诱导。催眠师大多只用语言引导，而并不都像电视上拿块怀表在患者眼前晃动。可以采用渐进放松法、眼睛凝视法、深呼吸法等。
- 深化催眠。
- 治疗。这是最精彩、最关键的一个阶段。催眠师不光要有扎实的心理治疗与精神病理学知识，还需要涉猎宗教、哲学等方面。
- 解除催眠。

目前，催眠疗法还饱受争议，但它也有一定的功用。利用催眠，可以辅助治疗一些疾病，包括神经障碍，比如抑郁症、强迫症、焦虑症等；神经疾病，比如神经麻痹、偏头痛、失眠等；生理疾病，比如阳痿、早泄、性冷淡、神经性尿频、遗尿等。除了辅助治疗，对我们的日常生活也有一定的改善作用，比如建立自信、减轻学习工作压力、消除焦虑和恐惧、强化运动效果等。

那么，我们对催眠都有哪些疑问和争议呢？这主要是从安全角度出发的，比如会不会醒不过来；完全被催眠师控制怎么办；暴露个人隐私怎么办；有没有副作用。用过图形处理软件的人都知道“蒙版”工具，催眠就是一块蒙版，被催眠者就是原图，施术者在蒙板上做一些像素的擦除和添加，都是为了使图片更美观，更符合要求。解除催眠就是除去蒙版。无法除去蒙版的现象是不存在的。催眠师肯定有他的职业道德，我们如要求助，就应用人不疑。至于会不会暴露隐私，即使你在催眠状态中，潜意识也可以选择保留。

我们自己也可以在广义上催眠他人。有一个笑话是这样的：面试官要求求职者用一种办法，让他使面试官终身不忘，于是求职者给了他一耳光。这是过分的，但对于面试官来说，是相当强烈的刺激，是催眠的开始。我们也可以在介绍自己时，重复自己的名字或与特点、能力相关的词，从而加深印象。

那些年的冤假错案

美国司法要求开庭时必须有陪审团，而且陪审团有裁判权。《十二怒汉》就是在这一背景下的一部电影，其情景如下：

在一桩杀人案的庭审中，12个人被挑选出来，坐在一起，成为陪审团。被告是一名年仅18岁的男子，被控在午夜杀害了

自己的父亲。法庭上提供的证据极具说服力：居住在对面的妇女透过卧室及飞驰的火车窗户，看到被告举刀杀人；楼下的老人听到被告高喊“我要杀了你”及身体倒地的声音，并发现被告跑下楼梯；刺进父亲胸膛的刀子和被告曾经购买的弹簧刀一模一样；而被告声称从午夜11点到凌晨3点在看电影的证词极不可信，因为他连刚看过的电影名字也说不出来。

经过6天听审之后，法官对陪审团发布了裁决指示。在举牌裁决时，11个人认为被告有罪，只有1个人提出反对意见。这12个人又被安排到一个房间进行研究讨论，法官希望他们最后给出完全一致的裁决。

这12个人来自不同的家庭，有不同的生活背景，从事不同的职业，有自身更关心的利益，有不同的人生经验，有自己的偏好和性格，他们都普普通通的，但都不懂法律。很明显，他们各自想着自己关心的事，希望这个无聊的案子早点结束，都想尽快做出一致裁决。所以，讨论一开始，众人都针对那个人唱反调的。但是，随着讨论的深入，他们发现了证据证词中的虚假成分，同时认识到自己的轻率浮躁。11个人逐渐改变观点，最后都认识到被告无罪。

根据现代心理学研究的结果，目击证人的话是需要认真核实的，而且可以说在各类证据中，它可能存在不实之处。证人可能犯下的错误是，没有清晰地看到事情真正的发生过程，而是自己“推想”，理所当然认为是这样或那样，并且以适合自己的方式表达出来。拿上述案例来说，妇女透过卧室及飞驰的火车窗户，看到被告举刀杀人，其实她没有看清楚被告手里举的是什么，但理所当然地以为那是刀子之类的凶器。每个人都有一定的阅历，他积累的信息会让他在某一特定情境下，用脑海中的固有细节把模糊的画面清晰化。妇女看到的画面不是杀人现场，之所以言之凿凿，是在潜意识里用想象把残缺填满，当然就是不准确的。

实验证明，即使是特别近的目击，也只是一个大致轮廓，印象非常模糊。

40 个观察力非常好的心理学家正在开会，突然闯进一个人，紧接着又有一人持枪而入，两人在会场厮打了 20 秒，之后外面一声枪响，他们逃走。这些是在摄像头下完成的。此时会议主持者要求 40 位心理学家即刻写下自己对刚才发生的事件的记忆。要知道，他们是心理学家，观察力非常好。但结果显示，没有一个人的描述与拍摄过程完全相符，竟有 13 个人出现了 50% 的出入！那就更不要说平常人在事发之后再描述当时的场景了。证人作证时，已隔一段时间，对模糊的地方自然会有自己的臆断，然而他想当然地认为那是合理的。

再看看那个老人，他明明什么也没有听到，为什么非要说听到“我要杀了你”了呢？因为他想引起关注。还有那12个陪审员，他们不同的人格和利益趋向，使他们不耐烦和极具主观性。要不是其中一个提出疑议，被告最后就会被判有罪。

有时，提问方式也会给证人带来诱导性暗示，比如“在案发现场，……”这样的提问，证人会自然而然地在脑中提取与作案相关的记忆。这些记忆可能只是他从电视里看到或者听说到相关消息后形成的，不是他亲身经历的，也不是他当时亲眼看到了的。

知道这一点，对我们的生活很有帮助。我们应锻炼自己客观思考的能力，尽量避免受到太多个人色彩和主观思维的影响，尤其当我们像《十二怒汉》中的陪审团成员和证人一样，自己的言行对别人有决定性影响时。

第六章

心理暗示

“事成”只因你“心想”

几乎每一个人，扔纸飞机时，都喜欢先对着飞机哈一口气。不过，我们好像从来没有想过为什么要这样，可能只是第一次见别人这样，就不自觉地模仿起来。也有人想过，并说那样可以使飞机飞得更远。有一位网友曾经提出这一问题，得到了一个更加高级的答案：送一口仙气给飞机，让它腾云驾雾。

也许我们原先以为这种做法真有什么科学道理，听到“腾云驾雾”的说法之后，应该明白，那只不过是一种心理暗示。扔纸飞机多是小孩子的比赛，既为比赛，就希望获胜，所以只要看似有点道理，就会愿意尝试。这种尝试好像可以致瘾。因为成人扔纸飞机时，就算旁边没有人看着，也没有人和他比赛，也会习惯性地哈一口气。这种瘾就是暗示导致的。

NBA 球员常常会在比赛中击掌、撞胸，这也是习惯性的暗示。不过，这两个例子还不足以体现暗示给我们带来的好处。

老王是开饭店的，对艺术是个门外汉，但他认为搞艺术的人都很了不起，特别尊重他们。他心肠又好，常常帮助寂寞无名的艺术家。其中有一位十分感激，送给他一幅印象画。他也不懂，但认定那是不错的，就裱起来，挂在家里正墙上。老王一家每天看到那幅画，对它产生了各种想象，茶余饭后还互相讨论。朋友来串门时，也夸画画得好，老王懂艺术。一年下来，老王生意红火，日子快乐。虽然他依然不懂什么艺术创作技巧，但对艺术的认识却更加深刻了，很多小有名气的画家都请他鉴赏。

通过这个故事，暗示的积极作用更加明显了。它已经改变了老王的生活圈子。如果他愿意，也可以在图画鉴赏上有所发展。这其中有两个暗示：第一，每天见到印象画，心想必有其存在意义；第二，朋友附庸风雅的夸赞。可见，暗示最大的效果是把不存在变成事实，让人对自己、对某件事更加充满信心。

顾名思义，暗示的作用方式就是潜移默化。它不是直接地、面对面地赋予人什么，而是间接地、含蓄地影响人的思想和行为。从心理学角度说，它是绕过人的意识，调动潜意识的力量，这样就可以开发人的潜能。统计表明，NBA 球员在比赛中常常击掌、撞胸，都会有优秀的表现。

暗示分为积极的和消极的两种。积极的暗示产生积极作用，消极的暗示产生消极作用。一个人渴望成功，就要学会利用积极暗示，同时还要辨别消极暗示，并避免受其影响，重建良好的心境，进而改变行为模式。比如，有人在面对难题时，会告诉自己“我能行”，结果他可能会完成平时不可能完成的任务。除了语言，人类还有几十万种的信号进行相互或自我暗示。

至于暗示的作用机理，简单来说，就是意念可以影响机体行为。电影《老男孩之猛龙过江》有句台词说，只要不断向宇宙发射成功欲望的信号，整个宇宙都会帮你实现。这其实就是说的暗示。我们的意念、思想是有能量的，脑电波是有频率的，它们的振动会影响其他的东西。振动频率相同的东西，会互相吸引产生共鸣。当潜意识接收到某一指令的时候，所有的思想和行为都会与之配合，朝着心中的目标前进。不断地想象、不断地自我确认、不断地自我暗示，总有一天，你的小宇宙会爆发。

我们可以从另外一种与自我暗示极为接近的方法中得到启发，那就是想象。想象的作用似乎比暗示更为传奇，其实想象本身就是一种形象丰富的暗示。

美国朗格纳桑博士做了一个实验：三组年轻人，第一组每天想象自己在运用小手指，第二组每天想象在运用自己的肘部，第三组不进行任何想象。三个月后，测验发现：第一组手指肌肉的强度增加了 35%，第二组肌肉强度增加 10%，第三组没有变化。朗格纳桑给出的解释是：人在想象锻炼时，脑电波强度加剧，说明大脑向相关肌肉发射信号，从而提高了肌肉强度。

詹姆斯·纳斯美瑟少校酷爱高尔夫运动。在一次战争中，他被关进战俘营。他被关在笼子里，身体不能大幅度活动，也没有人可以交流。这样的生活一待就是七年。按理，七年时间，任何技术都应该荒废了。但是，他竟然在获得自由后第一次接触高尔夫时，打出了 74 杆的好成绩。当被问及是怎么做到时，他说“我在狱中打了七年”。实际上，他是在狱中想象自己打了七年。七年里，与高尔夫有关的所有事物和场景，他都进行了生动到位的想象。

这真可以说是心想事成。不过，这也不稀奇，我们也经历过“心想事成”。喜欢小说的人，读到动人环节，就会眼含热泪，也能预知到下面的情节。

事实上，想象的作用远比我们了解的强大。任何思维过程都有想象的参与。比如艺术鉴赏，像上面说的印象画，不想象就难以把握它的美；比如演戏，不想象人物在场景下的表现，就不能模仿出来；比如网上买衣服，不想象就不知道合不合身。只是这些想象，没有提到我们的意识层面。如果我们能有意识地想象着做事，效果会不一样。想象的素材是来自现实和原有的记忆，想象的过程是对旧形象的加工和改造。它既能激起人的情感共鸣，也是创造发明的不二途径。

让笑容带动快乐的心

“心想”则会“事成”，反过来同样成立。

清朝宰相刘罗锅，脸上总是堆满了慈善的笑容。他晚年辞乡。一天傍晚，在小路上遇见几个正在玩弹珠的小孩。他想和孩子们一起玩。有一个孩子问了他一句：“老头儿，你会玩吗？”大门旁边的母亲立刻过来说：“怎么这么没礼貌，叫老爷爷。”刘墉先是哈哈一笑，说道：“没错没错，他叫我老头儿就对了。我本来就老了嘛。这个‘头儿’不正是想让我带着他们玩吗？”那个孩子赶忙说：“对对对，我就是这个意思。”然后对刘墉说：“老爷爷，我们来玩球吧。”妇人也乐了，没有再说什么。

如果有人说，刘墉是真豁达，根本没有在意孩子的话，那么，很多心理医生给抑郁病人开的药是“强颜欢笑”，这又怎么解释？

卡耐基给出了最好的解释，假装快乐，就会真快乐起来。我们肯定经历过这样的事：某人讲完一个冷笑话时，没有人反应过来，忽然一个人哈哈笑起来，其他人都跟着大笑。但是，有的人是在笑完十几秒之后，才知道笑点是什么。这又说明，一个人的快乐行为，可以引发其他人的快乐行为。

心理学家发现，人的肉体和心理可以实现互动。愤怒时涨红脸打人，这是情绪影响行为；尽管内心忧伤，保持眉开眼笑，慢慢地也会心生欢喜，这是行为反作用于情绪。上节说的是暗示对行为产生的积极作用，其实笑也是一种积极暗示的方式。这个暗示过程是这样的："笑"代表"快乐"。虽然心里不一定快乐，但经常假装快乐，快乐这件外在的事，会一直和我们如影随形。慢慢地，它会赶走内心的不快乐，真正表现出快乐的举动。因为这个过程是从"快乐"到"快乐"，表面没有变化，所以我们不大赞同。在整个过程中，"快乐"的暗示已经改变了我们的心理活动。围绕这一方面，已经形成了一门新学科——心理生理学。

这只是保持笑容对自己的影响，而笑容或快乐的情绪的确会感染他人的。上述刘墉的故事里，他不就把快乐传染给了妇人和孩子吗？我们常说"嗔拳不打笑面人"，正是快乐的感染性。其实这也是一个短暂的暗示过程。愤怒之中要打人的人，看到对方冲他笑，潜意识会想："他为什么笑，是有什么好笑的事儿吗？"在这种暗示和好奇心驱使下，一般人会停下来，然后对方趁机解释劝抚，把矛盾化解了。

保持笑容，是一种培养积极生活态度的生活方式。人生如逆旅，沿途坎坷与美景并存。你选择看到的一面，就是你的心态。一个人只看到坎坷，就会抑郁；一抑郁，就会真的经历坎坷；一经历坎坷，会更抑郁，进入恶性循环。经常看到美景，心情愉悦，奋发向上，就真的经历美景，进入良性循环。当没有积极的心态时，可以先从形式上积极起来。行为作用于情绪和思想，保持积极时间久了，就会真正积极起来。

人会经常陷入消极心理中。我们已经知道，情绪影响行为。人有我无的自卑、求之不得的挫败、害怕失去的恐惧、被人侵犯的愤怒，这些都会给身心带来恶性后果。虽然看起来是从表面下手，但是保持快乐，是转变各种消极情绪和想法的关键一步，也已经被证明确实有效。这也是一种极为简单易行的方法。无论客观环境多么令人失望，我们也可以利用这一方法重建快乐的心境。每个人今天之前的际遇已经无法改变，但未来还在自己手里。只有把握自己的心态，才能改善生活，奔向成功。

生活有时是没有感情的镜子，你快乐，才会在镜子里看到快乐。

当你赞美的时候，你在干什么？

马克·吐温对赞美别人的语言十分推崇。他曾这样说："我可以只依靠一句赞美之辞多活两个月。"虽然这有点夸张，但足可以看出，赞美是对一个人精神上的极大慰藉。与其说是慰藉，不如说是补贴。一个人可能就因为精神上缺点什么，而有负面表现，这在孩子身上尤其明显。有的孩子懒惰、淘气、没礼貌，很可能就是精神上没有得到足够的照顾。我们先不管其病因是什么，只要适度赞扬他，就会“化腐朽为神奇”。

有个人很感激当年的陶行知校长。他说：“我在学校一度被看成调皮捣蛋的学生。一天，校长发现我拿土坷垃砸同学，制止了我，并约好放学后面谈。但是不知为何校长迟到了，他到办公室时，见到我，竟然先夸我守时，奖了我一块糖。校长又说，他制止我时，我能及时住手，表现了我对校长的尊重，又奖了我一块糖。原来校长迟到，是去查明我打人的原因。他说，我是为了保护女生才出手的，这说明我正直善良，又给了我一块糖。我既后悔又感动，认识到了自己的错误，校长又给了我一块糖。从那以后，我就没有和同学闹过矛盾，成绩一路飙升。”

人需要被赞美。一个人被肯定，内心就会获得极大的喜悦，进而激发他的无限潜能。我们把赞美之辞比喻成阳光、雨露、甘泉，都非常恰当。好的人际沟通，都可以从赞美别人开始，而且是很有效的一步。赞美还是人际交往中的润滑剂，化解矛盾的一个工具。我们更可以用赞美的言辞来鼓励和安慰朋友，此时赞美就成了成功的肥料。

人人需要被赞美，也需要赞美别人。这是因为，每个人的内心深处都有被肯定的需要。这种需要是最基本的，和物质上的米饭蔬菜一样不可或缺。关于这一需要，有多种说法，比如寻求认同感、渴望得到重视、证明自我价值、需要被安慰、适当的爱慕虚荣，等等。每个人活在世上，都是为了证明自己存在的价值。而赞美则表达了别人对自己存在价值的肯定。

赞美之所以具有广泛而强大的作用，就在于其暗示性。我们以陶行知对那个孩子的赞美为例。孩子可能根本不知道自己到底有没有守时、正直、善良、勇于认错这些美好的品德。陶行知所夸奖的，都是他的偶然行为，不一定是他的习惯。可能他守时就那一次，是出于对校长的忌惮；他保护女生，可能是看到过爸爸殴打妈妈，在为妈妈出气；他认错可能是出于感动。但是，当时他的表现就是这样的，他无从反驳，也不愿意反驳。

重要的是，他在没有那些美好品德下被赞美，给了他一种渗透力极强的暗示。他在很短的时间就认定自己有这些品德了，而且日后也按照这些标准要求自己。也就是说，有时候赞美是一种主动、柔和、强有力的暗示。它和墙体广告不一样。墙体广告是自己赞美自己，并刺激你的眼球，吸引你去看，而赞美是主动出击；墙体广告通过机械而天长日久的重复，先摧毁你的评判机制，再灌输给你对产品的认可，赞美是避开你的防御心理，从你更乐于接受的地方切入，所以能快速产生效果。

需要注意，赞美不是浮夸。赞美需要发自内心，必须是言出有据，亦即真诚。我们再来看看陶行知的做法。他何尝不知道孩子打人是本质上的错误。但是他没有在这一点上做文章，而是去了解打人的原因，之后从其他方面，有理有据地肯定那个学生。之所以人人乐于被赞美，是因为赞美本身就是如实陈述，是在替他人发现其优点。赞美就是把人隐藏的优点说出来，一般不需要做任何夸大。在治疗某些心理疾病时，患者难以认可自身可赞美之处，这就需要适当放大其潜在优点。赞美要实事求是，而不是无中生有。比如见到较胖身材的女同事，我们可以从其他方面赞美她，而不能说“你只是瘦得不明显”这样的话。这样的话不是赞美，最多算是“好话”。但是最好是避开这个话题，不然可能会被理解成反讥。

“安慰剂”安慰到你了吗?

对病重、意识不清醒的人，可能要下猛药才有明显效果。对于偶染小病，但认定自己病情严重的人，又该如何治疗呢？其实这时，是他心理病重，肉体没有大碍，只需要给他心理下一剂猛药，身体上的病极有可能不治自愈。

这猛药就叫作“安慰剂”，一般是维生素，但此时维生素的功能不是补充营养，而是治疗绝症。安慰剂是几百年前英国医生发现的：重症晚期病人在服用维生素、葡萄糖片一类没有药理作用的营养素时，常常因为医生的鼓励性话语——通常是，这是一种特效药，是专门针对你这样的病人研制的——而信心大增，最终痊愈。这证明，心理可以作用于生理，心理治疗可以作为临床治疗的重要辅助手段。甚至我们也可以说，只要病人相信，一瓶水也是安慰剂，也能给他信心。

安慰剂既是一种“药”，也是一种心理效应。安慰剂效应是说，只要暗示足以使人相信，看似不可能或极为困难的事也能轻易做到。

日本人的生活压力是非常高的。20 世纪 80 年代，工作给日本上班族带来的巨大压力常常使他们难以入睡。尽管有副作用，他们也只能长期服用大量的安眠药维持基本睡眠。后来医生把维生素当成安眠药开给重度失眠患者，并告诉他们那是新研发的特效药。结果，60% 的失眠患者可以顺利入睡。之后，这种“特效安眠药”得到推广。

暗示的结果是相信。当相信的程度升级为信念时，人的潜能会得到全面激发，表现出惊人之举。在动画电影《功夫熊猫》中，龟仙人告诉阿宝的师父：没有什么不可能，只要你相信。后来，师父终于成功说服自己，又成功暗示了阿宝。在师徒二人共同努力下，阿宝变成一个拯救世界的英雄。

在主动完成一件事之前，一定是先相信它的绝对可能性，并相信自己可以完成。数羊的办法是西方人用来解决晚上睡不着觉的办法。但是，由于它流传甚广，无论有效无效，大部分中国人睡不着时，也会数羊。

给别人暗示是比较容易的。从狭义安慰剂说，病人只要不知道所吃的是什么，医生说的话他会无条件相信。当被暗示者对暗示语言或事物有相当了解时，暗示起来就比较困难。假设有一个身体柔弱的士兵，上战场之前，将军给他一把普通的刀，并告诉他刀上有魔力，可以使持刀者战无不胜，他多半会难以相信。只有当他在战场上偶然一挥刀，成功杀死一个敌人，才会深信不疑，真的一往无前。其实，如果将军给他一把外形奇特的刀，他会更容易在第一时间相信它有魔力。最难的是自己暗示自己，因为总认为自己是最了解自己的。我们的潜能是无限的，只是由于先前的失败经历，使我们自我封闭起来，不能正常发挥出来。

面对人生重重压力，很多时候别人帮不了你，所以自我暗示是重要的应对方法。假设有一个脾气有点急躁但还算讲理的父亲，有一天他在其他地方生了点气，当他看到孩子犯了一个小错，他可能也会上去打他。事后一想，这样迁怒孩子不对，但是出于父亲的威严，他很有可能不会向孩子道歉。如果孩子再不能从母亲那里得到安慰，那么这个孩子很可能会产生心理阴影。这种阴影可能会笼罩他度过童年。假如这个孩子有较高的心理素质（当然不是所有的孩子都会具备，所以家长要学会真正善待孩子，注重其心理成长），他可以自己对自己说："爸爸平时不这样的，可能是在其他地方受委屈了。"这样，他就完成了自己对自己的暗示，认为自己还是一个不错的孩子，还可能几天之后主动找爸爸谈心。

暗示分为消极和积极两类。积极的暗示会使人走出阴影，激发无限可能；消极的暗示会让人堕入悲观的深渊。一旦出现消极暗示，一定要及时排除。比如有一天面临高考，天气阴沉，消极的人可能会觉得那是考砸的征兆，积极的人会想"这么凉爽，考试时不会再出汗了"。往坏处想的人可能会考得糟糕，往好处想人可能会考得很出色，而这已经与平日表现无关了，全受心理左右。

我们不会像哈利·波特一样幸运，出生就得到"英雄光环"，魔药学上得到老师的"福灵剂"，反倒是常常遇到意外的挫折。当遇到挫折时，寻求他人安慰是最直接最有效的办法。如果没有人可以帮助你，就给自己一点积极的暗示吧。哪怕是重复告诉自己"我不是最差的，我还行”，也比深陷挫折中强。工作中，如果上司交给你一项看似不可能的任务，先告诉自己“我肯定可以”。然后仔细分析任务，确立对策，完成它。

“福无双至，祸不单行”是怎么回事？

现代人常说：“人倒霉的时候，喝凉水都塞牙。”也说：“福无双至，祸不单行。”其实道理是一样的。我们来看三个事例。

小白是一家公司白领，工作清闲，收入颇丰。合同马上到期，她觉得还行，于是决定续签。家里丈夫对她很好，和公公婆婆一起住，从来没有矛盾。一天中午，小白因故回家，震惊地发现丈夫和一个年轻女子在家亲热。晴天霹雳之下，她愤怒难消，决意离婚，每天工作也无精打采。三天后，老板和她谈话，告诉她不打算和她续签合同。两天之后，小白病怏怏收拾自己东西回家，路上撞倒一个老人，所幸老人没有大碍。

此时她的境遇，恐怕所有与厄运有关的词都难以形容。这可真是灾祸连连，倒了血霉。

老王有一对双胞胎儿子，2008 年夏天同时参加高考。老大平时很乖，学习起来很努力做事也有分寸，深得父母和邻居喜爱；老二也倒是听话，就是有时候调皮，逆反心理比较重，没有监督就偷懒，但是人特别聪明，一教就会。高中三年，老大一直勤奋学习，老二前两年常常只顾着玩，高三才跟着哥哥踏实下来，用了半年功。考试完毕，两人感觉很好，报考了同一所重点大学。20 天后，老大的通知书到了，家人喜不自胜，一通夸赞，但是，老二的没有来。母亲安慰道，可能没有一起下来，过两天再说吧。一个星期过去了，老二第二志愿的通知书来了。父母自然也高兴，但还是惋惜兄弟俩没有一起读同一所大学。

对于两个孩子来说，喜悦的程度大致相等，老王却明显有不同程度的喜悦。

车间卫生监督员老刘工作起来一向兢兢业业，在他手上车间从来没有出过岔子。他为人实在，待同事们特别真诚，吃了多大亏也不计较。为此，怀有身孕的媳妇没少和他吵架。鉴于其工作表现，一天员工大会上，总经理亲自宣布升他为车间主任。会议完毕，他急忙赶到医院。刚到门口，父母就告诉他，媳妇生了个 8 斤重的儿子。

老刘这可以称得上好事成双了。

以上三个例子，各有悲喜。我们可能要感叹了：小白命真不好；老王的二儿子用功少，没有考上名牌大学也在预料之中；老刘双喜临门，这叫好人有好报。

如果我们这样评价，说明自己的心理也被暗示了。为什么说“福无双至，祸不单行”是一回事呢？其实，所谓好事连连，倒霉透顶，只是多个必然发生的偶然事件而已。而我们的心理最容易受到第一件事的影响。第一件事情发生时，人会产生心理暗示，坏事产生的是阴影，好事产生的是期待。临近发生的事如果是坏事，就是祸不单行；当期待的事迟迟不发生时，就是福无双至；当临近的事是好事时，就是好事接二连三。可见，福可双至，祸也可单行。这都是暗示在起作用。

对于祸不单行，可以用“罗森塔尔效应”来解释。当我们经历一件倒霉的事之后，心里会很自然地想“点真背”。其实还有一种潜意识，那就是对类似倒霉事件的警戒心理，“希望不再那么倒霉了”。事实这就是倒霉的事，面对这种事的人心情都会低落一阵子。这两个条件，都近似催眠。坏事虽然过去，但其阴影根本没有散去，一直笼罩着自己。当坏事真的再次发生时，我们之前“点真背”的想法更加强烈了，心里会喊：“果然我最近都要倒霉”。好像之前的想法变成了一种预言，现在应验了。

再来看看福无双至。第一，好事发生之后，自己对接下来期望中的事会抱更大期望，其实内心已经预感到可能不会发生了，但还是希望老天爷“不吝赐福”。这样，事情若真的如内心所想，自己会再次欣喜起来，若不如意，就会大失所望。第二，好事发生之后，人的心理会比较放松，兴趣和动力已经消耗得差不多了，很难再关注接下来的好事。其实老王的二儿子考的学校也不错，但就是没有老大来得高兴。

福无双至也好，祸不单行也罢，都不过是偶然事件。但是每一件事的发生都有其必然性。我们从上面的例子中都可以得到证明。小白是公司白领，工作清闲，收入颇丰，她觉得还行，合同马上到期，她决定续签。可以推测出，她满意工作但没有热情，可能平时就表现出懒散马虎的毛病，这样的员工老板是不喜欢的。老刘的情况相反，他工作认真，待人真诚，这些都看在同事和上级眼里，被提拔也是意料之中。而女人只要怀胎时间足够，自然要临盆，只不过刚巧赶在他升职前后而已。再看老王的儿子，老二聪明，但毕竟荒废了两年多，比大哥差些也是应该的。

但是，我们的大脑更能记住失败，因为失败的刺激更强烈。当我们成功时，会归功于自己的能力或努力。而面对失败，则怨天尤人。所以，成功的喜悦往往比失败的痛苦短暂得多。知道这种自然的心理倾向后，我们可以有意锻炼自己，好事不欣喜若狂，坏事不大悲或大怒。当我们把所谓好事坏事都视作偶然和平常时，就拥有了强大的平常心。古人在这方面就比我们做得好多了。先秦时期的他们就知道“祸兮福之所倚，福兮祸之所伏”。我们也可以用这种辩证思想来安抚过分悲喜的心情。

第七章

压力

“压力上瘾”是怎么回事？

压力无所不在，没有人可以幸免。不正常的释放压力的方法可能导致心理疾病。

有一群人，他们已经适应了种种压力，倘若突然没有了，反倒会觉得不自在。这就是压力上瘾症。

有压力上瘾症的人，已经习惯了忙碌的生活节奏，对压力产生依赖，一旦停下了周而复始的日常工作，就不知所措，若有所失。他们会把更多的精力放在工作上，把日程填得满满的，安排一个又一个计划，然后一一完成。他们做得越多，越有成就感。甚至他们会觉得放松是一种罪恶。即使没有什么事可做，也要找出一点事来，然后“小事化大”，制造紧张气氛。压力上瘾一族的具体表现有：报名各种学习班；拒绝和家人一起旅行；经常紧张不安；工作时不开心，不工作更沮丧；爱发牢骚，说自己压力大。

从这些表现可以看出，他们实际上还是不愿意超负荷役使自己的。在重压之下，没有人可以幸福愉快地生活。再者，长此以往，压力上瘾者的感情和身心健康都会崩塌。虽然他们倾心工作是为了更好照顾家庭，但这只是物质上的供给，而家人更多需要的是感情上的扶持。

压力上瘾者已经不能忍受没有压力，如何克服这种上瘾症呢？首先，家人可以降低对他的要求，多关心生活上的事。其次，压力上瘾者自己可以报一个自己最有兴趣，但与赚钱关系不大的学习班，发展这一爱好，使精力从日常工作上分散一部分。最后，最好能改变观念，把成功的外延扩大。获得财富不是唯一的成功，一个人在社会上成功，应是圆满的，感情上的成功尤其重要，它会促进其他方面的成功。

单从压力上瘾者的情况来看，貌似压力必须要排除，不然郁积在心里，会导致各种不良情绪，比如焦虑、愤怒和压抑。然而，压力再怎么有害，却从来不能消除。因为压力的根源难以消除。

产生不良情绪的原因，是我们所谓的心理压力。而心理压力的本质，是不符合期待的结果。期待是从日常学习和练习经验中产生的、对最终临场表现的预期。如果应对临场的心理素质比较差，就会“在关键时候掉链子”，亦即严重不符合期待。很多老师眼中的尖子生，平时练习和模拟考试都出类拔萃，一到大型考试，成绩就跌到后面；轻车熟路的工作，由于上级特别强调了一下，竟然会觉得无从下手；千锤百炼的运动员，到了奥运会上，往往会发挥失常。遇到这种事，要肯定自己的能力，不能因为一次发挥失常而妄自菲薄。临场考试这一类事，本来就不单单是知识和能力的应用，还有心理素质的验证。只有改善这种临场心理，具备一颗强大的平常心，才能使知识和能力游刃有余地展现出来。

“掉链子”这一类事例可以证明，最常见的心理压力来源就是自我期待。心理压力是一种身心紧张的状态，其本质就是环境要求与自身应对能力不平衡。

压力永远不可能消失，我们要面对这一无情的事实。没有一种方法可以把压力从心底清除。因为方法都是滞后于压力的，只是减缓或发泄，没有从根源上下手。压力的根源是环境要求，而环境就是我们现在所处的现实社会。在如此方便快捷的现代社会，除非一个人把自己的欲望缩减到极小，否则他的能力永远不能应对环境要求，他的心理压力会永远存在。所有培养应对能力或平常心的方法，目的都是与环境压力相平衡。然而，心理压力并没有消失，只是我们心有余力与之周旋而已。缩减欲望是极难的，所以压力是极难解除的。

还有一个反调，我们也不得不承认。那就是，压力不一定会变成动力。所谓“把压力变成动力”的说法，不过是自己或他人给我们的鼓励而已。我们单从力学的角度，就可以明白这一点。物体运动必须有动力的作用，最简单、最常见的就是推力和拉力。有动力必须有阻力，不然物体无限加速，地球早就分崩离析了。最常见的阻力是摩擦力，而摩擦力大多是压力给予的。当压力足够大，阻力就足够大，大到超过动力时，物体就会减速，最终停止。从上述过程中，我们可以看出，压力不但不会成为动力，反而本身就是一种阻力；同时，压力必须适度存在，这是维持物体在一定空间运动的需要。同理，心理压力也不必须存在，它无法变成动力，但动力因为有压力的存在而变得有意义。心理压力有多大，人就应该给自己多大或更多的动力。这样才能维持自己正常的心理活动，否则就会原地踏步，寸步难行。

一个人的生命活动由他的心理活动支配，心理活动好比物体的运动。人的欲望、对周围世界的爱、他人的鼓励，这些是他的心理动力。所有的求之不得、挫折和失败，是他的心理阻力，也就是压力。心理动力大于心理压力时，人会劲头十足，事业蒸蒸日上；心理动力小于心理压力时，人会出现负面情绪，萎靡不振，无心做事。

虽然说压力时刻存在，无法解除，也不会变成动力。但是，日常生活中还是要注意缓解压力。因为我们的动力，也就是应对能力，还远不能使自己保持加速运动。常见缓解压力的方法有：

- **他处补偿。俗话说“失之东隅，收之桑榆”，我们可以利用这一道理。当一种方法不能完成目标，觉得压力太大时，走别的途径。我们已经说过，压力的本质是环境要求与自身应对能力不平衡，其实环境要求过高也是因为自己设定的**

目标过高，难以短期实现。所以也可以细化目标，分成一个个全新的极易实现的小目标。

- 对人倾诉，参与社交。接近具有正能量的人，就会具有正能量。
- 食物疗法。香蕉、葡萄柚、全麦面包和深海鱼类对缓解压力都有一定的帮助。
- 按规律作息。休息好才能工作好，不能一蹴而就，不能十全十美。

我们活在压力中的，而且很多压力是自己现阶段不该承担的，却自己揽过来，比如房价上涨时，担心自己未来买不起。承认这一点非常重要。它让我们认清周围的压力来源，最正确、最精简地担当起来。有太多事情是自己能力以外的，如果不能泰然面对，偏偏要迎头而上，只会使自己身心劳累。比如上班路上，阴云密布，似乎大雨将至，心态不平静的人会说“完了，要迟到”，而内心平衡的人会说“这是没有办法的事情”。俗话说，尽人事，听天命。在心中期待没有满足时，只要问心无愧，就对自己说一声“没关系，这是天意”吧。可能有人会认为这样说有违常情，但绝对是有效的。

为什么压力让人失控?

研究发现，人在压力大的情况下，确实会表现出非常规行为。无法克制并屈从于诱惑，就是一种重要的表现。

个体在生活适应的过程中，必然会产生心理压力。它是一种身心紧张的状态。压力的本质是环境要求与自身应对能力不平衡。压力的来源有三种：生物性来源，如躯体创伤或疾病、饥饿、噪声、气温变化等；精神性来源，如个体不良经验、道德冲突、不良个性心理等；社会环境性来源，又可分为纯社会性和人际交往性两种。可以说，生老病死、恋爱婚姻、就职失业，任何变化都可能导致心理有压力。不存在完全没有心理压力的情况。也可以说，没有压力本身就是一种压力，这就是空虚。

为什么压力会使人难以克制自己的行为？要回答这个问题，我们首先要简单了解大脑是怎样控制我们的行为的。不同的行为，由大脑深处不同的原始部位控制着。这些部位存储着人类的原始冲动，其神经细胞释放神经递质或激素（多为去甲肾上腺素和多巴胺），受体细胞与之结合，表现出相应的原始兴奋。比如大脑纹状体和饮食习惯有关，下丘脑和饮食欲望以及性欲有关，杏仁核与情绪有关。这些部位又由另外一个部位控制着，那就是前额叶皮层。它是大脑的命令和控制中心，是人类大脑中是最发达的部位。前额叶皮层把命令信号传递给各个下属部位，这些命令就是抑制原始冲动。没有压力的情况下，前额叶皮层、大脑深处的控制部位、身体运动部位的神经传导是一条闭合的回路，人可以实现自我控制。

过大的压力会使人们最基本的自控能力下降，同时产生负面情绪。其对神经的作用过程是这样的：以情绪为例，杏仁核在压力作用下，释放过多的去甲肾上腺素和多巴胺（多巴胺可以强化各部位与前额叶皮层的连接），导致前额叶皮层中神经细胞的信号发生改变，无法再传递下去，整个回路就断开了。这也意味着前额叶皮层的功能被削弱或切断，其控制权被转移到了大脑深处的原始部位，进而引发一系列不受现代人控制的行为，比如暴饮暴食、酗酒、疯狂购物等等。

心理压力是愤怒、焦虑、悲伤和自我否定等负面情绪及上述非常规行为的内因。应该说，这些是与生俱来的，是人类的本能。这种原始的冲动更接近婴儿状态，但是，人在社会上必然是理性的动物，一个人的成长过程，就是逐渐提高自我约束力的过程。当面对压力时，尽管愤怒不能去除根源，疯狂购物也不能减免经济担忧，但我们的大脑会对它们表示“肯定”，认为它是减缓紧张、获得快乐的最佳途径。就像小孩，父母不在时，号啕大哭根本无用，但还是会哭，并且坚信会把父母哭回来。我们再以成年人的拖延为例。

由于一个人的完美主义，他事事要求最好，往往会把所有事拖到最后解决，但发现时间来不及时，必然会焦虑不安。而这种焦虑会使他继续拖延，而不是奋起直追，这样就形成了恶性循环。所以说，如果一开始觉得压力过大，一定要及时调整，否则极有可能会造成各种“压力病”。

虽然面对巨大压力时的各种表现是本能的，但它毕竟是自我的虚假“肯定”，是逃避。从长期发展来讲，这对大脑的神经控制是有害的，也就会产生各种神经性障碍，进而会导致生理性疾病。

越说“什么都是浮云”，就越不是浮云

现在有太多网络和日常用语，利用自我嘲讽进行调侃。其中有一句：什么都是浮云。浮云的形象虚无缥缈，转瞬即逝，乍一说出此二字，往往给人一种饱经沧桑、洞察世事的感觉。

很可惜，这样说都是故作豁达。这话是说给自己的，言者可以借此瞬间陶醉于虚幻之中。在把一切说得苍白无力的同时，真正证明的，是自己在现实面前的苍白无力。在什么都是浮云者眼里，什么都不是浮云。

不良情绪是压力大的结果，而什么都是浮云，正是巨大心理压力的反映。这些压力来自哪里？来自现代社会和家庭。现代社会的生活方式，既方便又快捷，但正因如此，使我们对物质的追求远远大于对精神的培养。这一大截差距，就是精神压力的根源，而什么都是浮云就是虚假的弥补。

当高楼大厦已经明晃晃地摆在你眼前，一切生活用具应有尽有，我们的压力就已经开始产生了。创造的过程被节省了，就得不到满足感，只能从别人手里获得，这种获得很少是精神上的。而且人人如此，大家快捷又方便地生活着，没有条件和能力完全自给自足，这就催化出获取的欲望。而获取之后的攀比又将欲望强化。有了欲望，就必须要有相应的能力，但我们一生获得的能力可能不会和欲望相匹配。因为商品琳琅满目、迅速更新，情感需求太过复杂、变化无常。

当然，事实已是如此，这是社会进步的必然过程，谁也改变不了。在现实条件下，只有欲望和修养平衡的人才能活得安然。而自身能力不足、需求过多的人，或者已经得到又患得患失的人，只能活在焦虑、恐惧和抑郁等不良情绪中，并且用什么都是浮云来麻痹自己。

什么都是浮云是心理压力过重的体现，那么怎么减轻压力呢？

与这一短暂的自我欺骗的方法相对的，还有一些更有效的办法。

一个具有显著效果的办法，是了解自己和人类社会的心理。我们可以从“初生牛犊不怕虎”这句俗语中证明这一道理。初生牛犊不怕虎，是因为它对老虎一无所知，亦即，无知则无畏。倘若牛犊有一次被老虎咬断一条腿，肯定会“一朝被蛇咬，十年怕井绳”了。这是一个方面，与它相对的另一个方面是“尽知无畏”。任何事情，只要对它有足够透彻的了解，就不会害怕它（人类对大自然天生的恐惧，就是源于永远的一知半解）。在这一方面，也有一个与老虎有关的例子，那就是黔驴技穷——老虎知道驴的所有伎俩之后，必然会恐惧全消，扑食驴子。同理，知道压力从何而来，压力是怎么回事，然后在自己身上反思，就不会在受挫时焦虑、愤怒和抑郁了，也不会说什么都是浮云了。

“捏捏族”永远捏不碎压力

生活在城市里的人，生活压力都不小。释放压力的方法也多种多样，比如运动、唱歌、弹琴、喝酒、淋雨。有一种方法，你一般不会采取，那就是捏碎东西。

在超市里，有些食品会遭到厄运。比如方便面、饼干、速冻水饺，不知道是谁，把它们捏得粉碎。甚至连灌装饮料也难逃魔爪，瓶盖被打开，漏了气。超市因此蒙受损失不说，还要遭到偶尔买回家的人的责骂。其实，应该责骂的不是超市，而是一群有着非正常行为的人。他们才是“罪魁祸首”。只要是有脆响的东西，他们都有可能捏上一捏，所以称他们为“捏捏族”。

我们不禁要问，“捏捏族”的道德何在？这确实是道德缺失的表现，单从这一点，也可以谴责他们。捏东西不但损害别人的利益，对“捏捏族”自身也有害，比如，可能导致强迫症。

我们先来详细认识这种怪病。前面说到，此举是人在释放压力。他们的压力来自学习、工作、结婚、买房等。这些压力施加在他们身心之上，就会导致焦虑、愤怒和恐惧等不良情绪。人的本性是趋利避害，保护自己。我们的身体不会允许这种负面情绪郁积，自然地要找一个出口发泄。而我们同时还有一定的自我约束力，一般不会采取过激的方式。捏碎超市的东西，满足了他们寻求刺激的心理。所以，他们将它当作一种释放压力的选择，他们觉得听东西碎裂或气体排出时给人以快感。而其他方法多多少少要花费代价，比如爬山，要付出体力劳动。统计显示，“捏捏族”多为女性，这可能是因为男性在生理上比女性强大，发泄的强度也更大一些。

“捏捏族”表现出来的是一种“退行性”行为，即当一个人无力承受巨大压力时，有人选择回到幼儿时代，借此保护自己，也就是上面说的单纯排解压力。其实压力并没有消失（在获得成功之前，压力永远不会消失），而是转嫁给了别人。东西一碎，焦虑就跑到了超市管理者和买东西的人身上。这种畸形的痛快，如果不能及时制止，“捏捏族”会越来越不满足于捏碎食品，他们会扩大捏的范围，甚至会捏人。

一天下班后，李先生发现儿子身上被捏得青一块紫一块。后来发现是妻子所为。追问之下，妻子才说明缘由。原来一个月前老板找她谈话，说她工作效率低下。她为了表现好些，时常加班，但觉得很累，每天还是会积累一些工作。昨天儿子过来烦她，她随意捏了儿子一下，发现这样心里很舒服。今天回来，又不自主地捏了几下，但是她感觉当时没有用那么大的力气，不至于出现瘀青。

在这个例子中，孩子和超市管理者、其他买家一样，都是无辜受害者。虽然李太太不是由于捏超市食品上瘾才捏孩子的，但是二者在本质上是一样的，都是用不正常的方法来释放压力。他们难逃责任。不少“捏捏族”被当场发现，必须赔偿损失；李太太也面临着丈夫的严重警告。

在这里要强调，在获得成功之前，压力永远不会消失。亦即，不管用什么方法释放压力，都只是暂时的，因为源头没有消失。这并不是说，面对重重压力，我们只能束手无策。有两个直接的办法：第一，直面人生。社会发展必然伴随重大生活压力，尤其是在城市。所以，一颗心坦然接受这一点就已经很强大了，超出负荷时，再用开头说的正当的方法调节。第二，向着确定的目标，忙碌起来，忙到没有时间想有没有压力这回事。后一种办法可能会使身体吃不消，还是建议坦然面对。这种面对，当然不是对峙。可以尝试了解人类思想方面的学问，比如哲学、心理学、人际沟通等。你越是对一件事物有透彻的认识，越会平淡视之，越没有惶恐。

第八章

负面体验

为什么人人都爱“幸灾乐祸”？

有些时候，我们提高修养，注重文明，可能会违背我们内心。这么说不是教人停止修养，而是认清修养的本质，更理性地自我修炼。

我们有一个天性是，更关注消极的信息，并且会传播消极信息。俗话说，好事不出门，坏事传千里吗。我们总结一下网络或报纸上的新闻，会发现负面报道占有一定篇幅，比如某地工厂发生爆炸、歹徒当街袭警、某明星出轨。茶余饭后议论的焦点，也总有这些坏消息的身影。而新闻评论家们，也总是能够挖出好现象之中的对立面存在的丑恶。

为什么我们会如此关注并谈论恶性事件呢？关注并谈论恶性事件的本质是趋利避害的天性。人以自己为中心，对自己好的东西，会喜欢并希望接近和占有它，对自己有利的事，也乐意从事；对自己不好的东西，会厌恶并希望远离它，对自己有害的事，也不愿意做。这些恶性事件，对当事者自然是有害的，但对于局外人，却是有一定意义的。这一点可能难以理解，不过心理学家给了很好的解释：人们把注意力集中在悲惨或卑劣的事情上，可以使自己做好准备，以面对危险或者规避错误。这对人类生命的延续和文明的发展都是必需的。所以，当听到或看到别人倒霉时，人们会下意识地去关注它，从中吸取经验，这样更利于自己的生存。

按照这个理论，对当事者的同情应该是同时发生的，但为什么朋友摔倒时，有的人不是关心地责问他“怎么这么不小心”，而是幸灾乐祸地嘲笑他摔倒呢？原来除了上述自利心理，还有另一个心理因素。当接触到负面事件时，在同情和自利之后有的人会有自己没有同样遭遇的窃喜。相比之下，就产生了盲目的优越感。而传播坏消息，其实是对这种优越感的自我放大。

相反，如果别人买彩票中了500万元，我们很可能会缄口不言。因为它已经破坏了自己的优越感，我们的心里是不平衡的。当然了，这些好事和坏事，发生在和自己陌生度较高的人身上，我们才会有这样的表现，最好是完全陌生。如果是亲朋好友，可能会发生两种感受的扭转，即先是同悲同喜，再是窃喜。但是，这种可能性不大。因为这种优越感对自己是极为有利的，在趋利的天性下，可能我们不表达窃喜，但在同情之前，一定是内心先窃喜。

当遇到别人出事，有的人选择视而不见或袖手旁观，可能是出于避害心理。只要有一个人因为帮助别人，最终被人讹诈或误会，这种消息一旦流传开来，人们很容易盲目地认为做好事都会有坏结果。所以人们才会有如此行为。

综观以上事件，其根本原因，都是人类趋利避害的本性。所以，人们关注负面事情，传播消极消息，都是正常的。不过，对一个人偶尔过失行径的过度传播，会使大众产生此人本性卑劣的固定认识，这是其最有害的地方。这个受害者，可能会把这种谣言变成现实，报复社会；如果他心理过度脆弱，会选择结束生命。所以，灾难和恶行都是坏事，我们关注它是天性使然，传播消极消息使我们警惕，但千万不要传播谣言。

认清了这些，我们该如何理性地自我修炼，提高修养呢？应该让自己有足够的涵养，别人毁谤自己，只要问心无愧，就不必太过萦怀。也可以借此幽默地自嘲，乐呵呵一笑，事后自己拿来说事儿，也可以博人一笑。还要明辨是非，流言止于智者。要知道，偶然不是必然，不能因为一件事把一个人看死。不能盲目从众，三人成虎，而我自有明辨。

为什么得到的喜悦，难以抵消失去的痛苦?

人类和其他生物一样，喜欢好的，厌恶坏的。得到想要的就会喜悦，失去珍惜的就会痛苦。如果把痛苦比喻成一个坑，把喜悦比喻成土，我们会发现，这个坑好像难以填满。

一个简单的投硬币实验可以证明这一点。以花面为正面，正面就得到 100 元；反面就输 100 元。问被试，是否愿意参加这个游戏。大量结果显示，绝大多数人不愿意。客观地说，输赢的概率各占一半，但为什么人们不愿意参加呢？原因就在于，一想到可能会损失 100 元，心里会不舒服，其程度远远超过了得到 100 元的快乐程度。

如果实验中的被试是资本，只要保证同等概率，它们可能已经痛快下注了。因为它们在利益驱使下，胆量比常人更大。再问普通被试，赢多少钱才愿意参加。他们回答的平均数字是 200 元。于是有了进一步的结论：当赢钱的数值至少是输掉的两倍时，才能抵消普通人对输钱的厌恶。

虽然厌恶损失的心理，是行为经济学中前景理论的核心理念，但它更具普通心理学的特点。在我们日常生活中，这一心理得到了更普遍的应用。不过由于它是很自然的心理，我们难以察觉到，但是商家可以敏锐地捕捉到。他们在一款新产品出来时，在定价上下足功夫。我们很少看到一件商品大幅度涨价，从它面市到平衡到退出市场，整体价格水平一定是在下滑的。就算有涨价的波动，肯定也不会持续很长时间，商家的借口多半是材料和运输成本增加。价格是价值的反映，但产品降价不代表其本身价值降低。商家之所以降价，是考虑到了消费者厌恶损失的心理。降价相当于得到，涨价相当于失去，失去对消费者的心理冲击远比得到来得大。

这一理论还有一个变形，我们可以用“敝帚自珍”来概括。也就是说，我们明知要失去时，对已有东西的价值的估计，会超过其实际价值。钱本身就是一个衡量价值的单位，如果把钱换成一种商品，敝帚自珍的心理会体现得更加明显。理查德·泰勒教授的实验就是这样。

加拿大有一种马克杯，在学校超市的建议零售价是5元。泰勒教授在一间教室里，让一批大学生出价买这种杯子。当然，他们不知道价钱，杯子上也没有标价。他们的出价范围是0.5~9.5元。在另一间教室，是同样的条件，差别在于教授先给每位学生一个马克杯，然后通知他们，学校因为举办活动需要用到这种杯子但库存不多，要从学生手中买回一些，问他们愿意开多少价来卖自己手中的杯子。

结果显示，第一组的平均出价是3元，第二组的平均定价却是7元。同样价值的杯子，两组学生的心理价值竟然相差这么大，而且后者的价格明显高出了杯子的实际价值（我们姑且认为建议零售价约等于实际价值），这就是敝帚自珍效应。第二组已经确定他要失去杯子，心里又不愿失去，很自然地认为自己的杯子更有价值。同时，定高价格也是为了避免失去。

敝帚自珍效应是人们规避风险的一种表现，说到底还是因为厌恶损失。

“人生赢家”为何还抑郁?

2009 年 1 月 10 日，德国足球运动员恩克选择了汉诺威的一条地区铁道，让迎面而来的列车结束了他的生命。2003 年 4 月 1 日的傍晚 6 点 41 分，演员张国荣因抑郁症跳楼自杀。越来越多的抑郁症导致自杀的消息报道出来。一般认为，受挫的人才会患抑郁症，他们自杀的可能性更大。但事实证明，一帆风顺的人，同样会患上抑郁症，甚至有自杀念头。

一个从小学到高中都表现出色的学生，可能会在大学表现出各种异常行为，甚至冲动之下轻生。李明就是这样一个学生，他回忆自己的心路历程时说：

从小学到高中，一路都很顺利，周围的人也时常表扬我。现在我知道，当时心智尚未成熟，所以那些赞许让我感到自豪。但是，进入大学后，随着周围环境的变化，独立空间和思考时间都变多了，我恍然发现，为了成绩而学习并不能给我带来长久的快乐。除了成绩，我有更多不知如何填充的空白。我又不善于交际，所以经常一个人无聊，感觉生活很乏味。还没来得及找到解决办法，我的身体开始出现胸闷、头疼等异常反应，潜意识里负面想法越来越多，最后情绪低落、精神压抑，有了轻生之念。

李明的情况只是抑郁症的一个典型成因，其他情况还有很多。但是，归结到心理表现都是一样的，那就是：缺乏生活动力，找不到人生意义，事事顺利却没有喜悦，感到悲伤和空虚，对各种活动都没有兴趣，有罪恶感，有自杀念头。学生达到一种似病非病的程度时，往往有如下临床表现：感觉哪里不适，但说不出来；经常用手支着头，用手捂胸；觉得嗓子里好像有什么东西；向父母提出换环境，反抗父母。抑郁症的表现是：没有食欲，体重减轻，失眠或者嗜睡，容易疲劳，反应慢。

大多有抑郁症的人自己意识不到自己已经患病。调查发现，学校、家庭、社会对这种病症的识别率也不足1%，一些综合医院的识别率仅为15%。

关于抑郁症的成因，目前的研究倾向于支持遗传加环境因素的多因致病说。遗传获得的大脑神经信号生化传递系统的某种不稳定性赋予个体罹病倾向，这种神经生化特质导致个体对情绪和躯体应激更敏感。在特定的生活与生理事件刺激下，大脑的情绪控制系统不能维持适当的安静状态而表现出情绪障碍发作。

现在的人们常把郁闷挂在嘴上，郁闷不等同于抑郁症。两者都是心理体验，但郁闷时间更短。抑郁是一种持续的悲哀、沮丧、郁闷的情绪体验，又被称为心理感冒。

其实，很多人都有过抑郁的体验。1/4 的人经历过一段抑郁时期，5% 的人正在抑郁中。

研究发现，抑郁情绪虽然具有危险性，但也有其好处。美国纽约大学教授韦克菲尔德说：抑郁是有好处的，它可以帮助人们从错误中吸取经验，让人变得更坚强，勇敢接受生活的挑战并最终取得成功。抑郁是负面情绪的一种。心理学认为，抑郁是平衡精神健康的重要环节，也是人类的本性。历史上曾有不少伟人受到抑郁情绪的困扰，比如丘吉尔、林肯、牛顿、贝多芬。他们却仍然能够成就丰功伟业。其原因是，情绪低落的人能表现出很强的执行力。而快乐的人之所以快乐，是因为他们对现状很满意，这就可能会失去了改变生活的动力。

关于抑郁症，以色列心理学家有其他发现：抑郁症患者的嗅觉会受到损伤，导致涂抹香水过量。他们认识到，大脑中负责嗅觉的区域与负责情绪的区域，可能存在关联部分，或几乎是同一区域。

患抑郁症的人，只有某一气味（比如香和臭）过浓时，才能闻到。所以，如果发现一个人过量使用香水，可能是抑郁症的前兆。

虽然抑郁的人有做出杰出贡献的可能性，但普通人恐怕难以像他们一样成功地自我控制，不恶化成抑郁症。所以，我们还是应尽量远离抑郁。如果被人怀疑，或自己警觉到自己抑郁了，请自行对照症状，自我判定。我们自己也可以治疗抑郁情绪。具体做法是：为自己订制简单的任务，但计划一定要留有余地，把自己的活动记到日记中；多与他人交谈，多进行运动或集体活动；及时自我肯定；避免谈消极的东西。

“破罐子破摔”也有道理？

一个男人开始工作稳定、表现优异，他同时会觉得，女朋友温柔美丽，朋友重视自己，家人关系和睦。

买房的人多半会买车。有了房子，装修也要上档次。买了汽车，穿衣服也要有品位。

丈夫给妻子送了一束百合花，说：“你的气质就像百合一样清新美好。”妻子很高兴，从此可能真的越来越有气质。

电视剧里，当一个人感觉到爱情来临，或开始小有名气时，会说：“平静的生活要被打乱了。”

人在没有得到想要的东西时，心里很平稳，生活很稳定。一旦得到，反而开始不满足，认为自己应该得到更多，而且一整套的东西也会轻易得到。这种锦上添花的现象称为“狄德罗效应”，有时候它是一种感觉，有时候它是事实。法国著名哲学家丹尼斯·狄德罗，得到朋友送他的一件精美睡袍。他非常开心，但是家里的旧式家具、地板与睡袍不搭配，他赶紧全都换成新的。狄德罗效应由此而来。

这看起来很奇妙，好像是一个连锁反应，其实是必然结果。因为每个人心里都存着美好的向往，也一直在向成功的方向努力。而这向往和成功并不是孤注一掷，是包括了生活的方方面面。生活有时候给我们很大的压力，让我们喘不过气来，但我们在潜意识里已经无畏地承担了。或者说，人们虽然表面平稳，或者焦虑、抑郁，但说话做事，还都是朝着积极阳光的方向去的。幽默、爱学习、谦虚、待人友善、乐于助人、爱护环境……这些平日自发地、不起眼的行为和习惯，都迟早会回报给我们成功的喜悦。这是一个缓慢累积的过程，也许最后没有回报，我们就可以像狄德罗一样如数自我回报。只要坚持，日积月累的努力说不定在哪一天开始显出成效，集中在一段时间内回报给自己。自动的狄德罗效应就像储蓄型保险，生效期到来之前，一直是在付出金钱和等待；时间一到，被保人就开始享受分红。

有的人没有自动的狄德罗效应，可能是因为平日言谈举止的方向偏离了心中梦想，或者努力不够。可以学狄德罗自己回报自己，以给自己平淡压抑的生活增添色彩，但要量力而行。也不能刻意期待锦上添花的回馈，这样可能会大失所望，或者即使得到回报，也不觉得愉悦和兴奋。

每个人都心存善念，有意无意地、短浅或长远地做着有利于自己的事情。矛盾的是，人们同时也心存恶念，只要被始作俑者勾起，同时不用承担很小的责任或难以被追究到，也可能会暴露出来。有的人喜欢落井下石，想破罐子破摔，就是心里的恶念在作怪。

破窗效应：一扇窗户被打破，如果不及时装上，会发现其他窗户也莫名其妙地被打破。

如果一面墙出现涂鸦，很快整面墙都会涂满各种图案，而且有些图案极不雅观甚至不堪入目。

越是脏的垃圾堆旁边越会聚集更多垃圾。

斯坦福大学心理学家菲利普·津巴多做过一个汽车实验。把两辆相同的汽车放在不同的地方，第一辆放在高档整洁的帕罗阿尔托街区的一个小区，第二辆放在脏乱的布朗克斯街区。把第二辆车的车牌取走，第一辆没有做任何处理。结果，第一辆车一连几天都无人问津，第二辆在第二天就被人偷走了。津巴多在第一辆车的窗户上敲了一个洞，然后走开，没过几个小时，它也被偷了。

一辆完整的车没有任何漏洞，它很难引起人们偷的欲望。因为偷窃者也要考虑到偷窥失败的后果，如果其安全系数过高，或人们的监控力度比较大，很容易失手。但是当它有了某一漏洞的时候，就给了别人这样的暗示，车窗打破了也没关系嘛，看来秩序并不像我想象的那样完美，偷起来可能不会被发现。

肮脏和混乱互生，缺陷和罪恶互生。破罐子破摔，因为反正都破了，再摔碎点也没什么。

如果能够逆向利用，破窗效应带来的不全是坏的影响。它也可以发挥积极作用。20 世纪 80 年代，纽约市的环境和治安都很差，尤其是地铁里的车厢，地面更脏，经常有打架的事发生。政府做出一项决策，坚持每天打扫车厢卫生，按秩序查车票。当时人们不以为然，“船都要沉了，洗甲板有什么用？”然而，情况发生了根本性的改变。人们乘坐地铁时，开始按顺序排队，礼貌互让。最后，整个纽约地铁都焕然一新，环境和治安问题都得到了解决。

家庭和社会给了一个人善恶的认知，同时给人巨大的压力。人承担着压力向往着善，同时怀揣着恶。善言善举最终有回报，恶念恶行在善念善举中被改变。

恐怖片越恐怖有人越爱看

恐怖片《午夜凶铃》以其惊悚的情节获得了极佳票房。看过这部片子的人一定都记得那个长发女子，对她的画面，有人至今记忆犹新。

我们已经知道，人是天生就有恐惧心理的，因为未知的事物隐含着对生命的危险。恐怖的事物于人是有害的。恐惧是一种有机体企图摆脱、逃避某种情景而又无能为力的情绪。按照人类趋利避害的本性，应远离恐怖片才对，可为什么有的人偏偏爱看，并在毛骨悚然和倒吸凉气中大呼过瘾？因为恐惧的同时也有快乐。

恐惧和快乐可以并存。恐惧的本质是兴奋，是濒死的生理反应和心理感受。心理学大师弗洛伊德提出了生本能和死本能的概念。生本能是人的自卫本能和性本能。死本能是说，每个人都有倾向于毁灭与侵略的冲动。恐怖片唤醒人的死本能。人人渴望生存，同时也必须面对死亡。面对死亡的同时又害怕死亡。一旦这种对死亡的恐惧结束，人就有极大的快感。人们看恐怖片，就是想通过生理和心理的刺激经历，在影片结束时享受如释重负的快感。寻求刺激，是人类本性的极端表现。

看恐怖片的欲望来自观众的潜意识。这个潜意识可能是死本能，也可能是释放压力和悲伤的欲望。人活着就有压力，现代社会给了每个人更多更重的生存压力。有的人他的童年是悲伤的，看恐怖片就是在寻找悲伤的童年和某种潜意识，并发泄压力带来的负面情绪。调查显示，喜欢看恐怖片的观众大多是 21 岁以下的青少年，而且以女性居多。从生理上说，看恐怖片心惊肉跳的过程可以转化掉机体多余的荷尔蒙。

仔细观察恐怖片中的场景和道具，会发现整个人类共同的恐怖因素。首先就是黑暗，人天生怕黑暗。在没有火种之前，人饱受冻馁之苦，又不得不时刻提防野兽侵袭。黑暗中，人无法掌控自己的各种感觉，会有生存和死亡的忧虑。孤独的人，会逐渐质疑自己生存的意义。巨大的噪声，使我们不安和焦虑。极端的环境如火山、冰川、沙漠等，也会增加人的恐惧。其他呕吐物、血液、烟盒、畸形人体、蛇等，也都是恐怖片的道具。

只要满足这些要素，不一定非要通过看恐怖片寻找刺激。鬼屋就比恐怖片更逼真、更恐怖、更刺激。蹦极、赛车等极限运动也有很好的效果。凡此种种，不过是冒险的方式。心理学家把这类行为称作“追求震撼”。

喜欢追求震撼的人，往往体内多巴胺过多。多巴胺是脑内分泌的神经递质，可以传递兴奋，也与上瘾有关。神经学家认为，多巴胺的量越大，流动越快，人就越有寻求刺激的欲望。极限运动员比常人更需要多巴胺流动。他们一般更能承受生理、社会或钱财方面的风险。因为他们深知，风险将伴随刺激而来。生物学家杰伊·弗兰认为，人类是在利益的驱动下冒险，因为越是肯冒险，人就有可能变得越强大。这就回归到人的本性——趋利避害，虽然看恐怖片是一种害，但对某些人来讲带来的利更具诱惑，更使人舒服。

第九章

强迫心理

人人都有强迫症的“潜力”

你是否上班电脑挂QQ，下班换成手机挂？是不是一到有Wi-Fi的地方就想打听密码，以便上网，尽管自己或许不会用到？两个人面对面坐着，也没有什么妨碍，为什么偏偏用手机短信交流？

这些是虚假强迫症。因其交流方式与当面对话相比，其信息是经过处理的，带有各种面具，导致交流的不真实，所以称为虚假强迫症。也可以分别称为QQ强迫症、手机强迫症、Wi-Fi强迫症等。绝大部分人在一开始只是依赖，当有一天发现自己想暂时摆脱但又不由自主地使用它们时，就是轻度强迫症。

有口水强迫症的人也不在少数。和别人谈话时，身体自然分泌出口水，你会不会出于礼貌咽下，但觉得对方在看着自己的喉咙，你想控制，却分泌更多？这是因为你太在意自己的形象了。

走地砖路面时，为什么非要一步一块地走过去？站在阳台，心里告诉自己“我还年轻，不能就此结束生命”，一只脚却不听话地迈了出去，要不是家人及时发现，就真的被那个“魔鬼的自己”给杀死了。这些是典型的行为强迫症。

希特勒一生没有开过汽车。在公共场合，他规定，自己坐的车子绝对不能超过 37 公里 / 时。但是一到夜间，他却要司机以 100 公里 / 时的速度玩“夺命狂奔”。这是人格分裂。

说强迫症无处不在可能有点危言耸听，但说强迫心理无处不在，绝不过分。强迫心理人人都有，说的是脑子里反复而持久存在的观念、思想、印象或冲动想法。如果被强迫心理困扰，为之紧张、烦恼、焦虑，就是轻微强迫症了。强迫症是一种神经性精神疾病，其主要临床表现是一组强迫思维和强迫行为。这些想法和行为往往毫无意义，甚至违背个人意愿，但是在头脑和日常生活中反复出现。他们自己萌生这些想法和冲动，但又极力抵抗，自相矛盾，始终无法控制。最终，强迫与反强迫的斗争使他们极为焦虑和痛苦，生活起居和人际交往都受到影响。

人格分裂是强迫症的一种可能后果。希特勒的行为，就是在放逐分裂人格中的一面，以求解脱。他为重度强迫症患者提供了一条暂时的解决之道，也就是在公共场合不表现出各种怪异的冲动，在私人场合肆意放纵。但要注意，这种冲动不能像跳楼或者希特勒那样危及自身安全。要彻底治疗，应寻求医生的帮助。此外，强迫症极有可能导致抑郁症。

强迫症表现常常是忘记有没有锁门、怀疑是否关好煤气并反复检查、有愚蠢肮脏的想法、反复洗澡洗手等。它与健忘症、洁癖和妄想症有密切的关系。它们既是强迫症的表现或结果，也是强迫症的诱因。然而，强迫症的病因相当复杂，目前还没有一个确定的结论。个人经历、个性、遗传及神经—内分泌，都有可能导致强迫症。

许多研究表明，多数患者首次发病时，都遭受过一些不良生活事件，如人际关系紧张、婚姻受到威胁、学习工作受挫等。上面提到的险些跳阳台的那位，小时候就曾从阳台上摔下来，父母格外心疼，寻医问诊，夜半安慰，给了他前所未有的关爱。伤好之后，其父母又忙于工作，一段温暖的时光再也没有了。可能是他对父母关爱的渴望隐藏在潜意识里，或者变成一种本能，所以见到阳台就想跳。这是强迫症与早期经历的关系，与个性也有联系。有强迫症的人，个性中或多或少存在追求完美、严格要求自己和他人的倾向。他们过分谨慎，责任感强烈，事事都想做到最好，这属于强迫型人格。然而，常常事与愿违，不良生活事件必然常常在他们身上发生。他们又缺乏弹性，不能变通，就会内心不安、矛盾、焦虑，最后只能通过强迫性的症状表达出来。

世界卫生组织曾对全球疾病进行调查，发现 20 种疾病对 15 ~ 44 岁中青年人造成的负担最重，而强迫症正是其中之一。统计显示，近年来强迫症的发病率正在不断提升。多数人只有当症状相当严重时才会就诊，而那时的治疗难度会相当高。鉴于以上两点，我们应当高度重视强迫症，早发现早治疗。

治疗强迫症最有效的方法是认知行为治疗，它主要包括思维阻断和暴露反应预防。思维阻断就是在反复出现强迫思维时，利用闹钟铃声或局部身体刺激等外部手段，转移注意力，阻断强迫思维。暴露反应预防是鼓励进入引起强迫思维的各种情境，逐渐使其消除强迫行为。其原理是：可以调节神经递质功能的抗抑郁药，都有改善强迫症的作用。因为强迫症的发病与脑内多种神经递质失衡有关，主要表现为5-羟色胺系统功能的紊乱。目前主要使用的是选择性5-羟色胺再摄取抑制剂(SSTIs)类药物。此外，对于顽固性强迫症，可视情况采用改良电休克及经颅磁刺激的物理疗法。

怎么选择都不一定满意

时下商品花样繁多，可以说，只有想不到，没有买不到。但也正是因为这样，我们常常会逛了一圈商场，却空手而回。想买手机，却不知道手机系统是Android好，还是IOS好，也不知道买哪个品牌。想买跑步鞋，耐克和阿迪达斯的鞋子都很漂亮，也都是名牌。想买手表，机械表看着很酷，但是表头大；电子表很精美，但是略显呆板。

这种例子不胜枚举，也不限于衣服手表，有的人连买个菜都要花两个小时。这是选择性强迫症。顾名思义，这种病的表现就是不知道怎样选择，但又非要有一个选择。选择性强迫症在购物时体现得最明显，但绝不限于购物方面，事实上在生活中的每个方面都存在选择障碍。这种障碍大多数人都有，当它对正常生活造成困扰时，就是一种病。

长期有选择障碍的人，可能有一天出门，会忽然发现，不知道先迈左腿还是右腿。终于迈出一步，但觉得不对劲，又回来再试。此时他就有选择性强迫症。而这种病症的危害不会停留在这么小的影响上。"既然难以选择，干脆就不选择。"这是有选择性强迫症的人常用的解决办法。时间久了，他们会对日常中的许多事物都没有兴趣，最终变成抑郁症。当然那是比较严重的后果，轻一点的就是对性格的影响。一个最初处事果断的人，由于得上此病，逐渐加重，他会发现，自己变得优柔寡断，做任何决定都要征求别人的意见。

选择性强迫症的成因，有内在的，更有外在的。内在原因是，完美主义的性格加上广泛的兴趣爱好。其兴趣广泛的程度，几乎包含了所有领域。即使在一个领域，也喜欢研究不同的方面。兴趣极为广泛的人，对现有的每一个学科，都渴望学习；对一种产品，渴望了解它的每一个厂家、每一道工序、每一个配件。而他之所以有如此广泛又强烈的想法，就是因为其完美主义。或者说，完美是扩大研究范围的目的。以买手机为例，他要买一款心仪的手机，必须去了解，甚至深入研究对比几种手机 UI 的优劣、屏幕的亮丽程度和抗摔性、摄像技术、电池续航能力等等。这就至少涉及材料化学、程序设计两方面。但是，他又没有足够的精力和强大的毅力去完成这些研究，最后只能每天天马行空地想象，或者苦恼于怎样选择，不得已还是草草选择还算满意的一款，但是买来没有几天，又会后悔。这里所说的是一种极端情况，但是人确实因为心中想要达到的完美点而陷入无从选择的窘境。

选择性强迫症的外在原因，就是选择太多。我们从饮食方面来看。平均来说，古代的百姓，几乎是隔三岔五饿肚子。一有战争，就不只是吃不饱，而是吃不上。所以只要有吃的，他们就会“饥不择食”。到现代，大部分的城市和村镇，有很多食材，菜色花样繁多。所以有很多人一到吃饭时间就发愁——到底吃什么呀？然而，对一般人来讲，在一种全新的东西那里，是不存在选择困难的，因为我们有天然的好奇心，最多是存在购买困难。从这一角度说，有些地方新奇恐怖的吃法，就是选择性强迫症的表现。

一般治疗选择性强迫症的方法是排解苦恼。比如运动疗法，通过使身体劳累，从而释放做不出选择的消极情绪。音乐疗法也是如此。但是，心病还需心药医，既然痛苦的根源是难以选择，只有做出一个选择才能消除这种痛苦。可能有人会说，已经难以选择了，怎么还要他选择。当然可以。我们在任何时候都可以选择，这个权利谁也剥夺不了。不选择本身也是一个选择。之所以难以选择是因为选择的标准跑偏了。也就是说，我们有时候太注重选择本身，而忘记选择的目的。选择的目的就是占有和使用。好比买白菜，只要新鲜干净，就算有100种选择，任选其一即可。我们不必再去深究这100种白菜是不是产自白菜盛产地，是不是用的有机肥。或者，在买东西之前，先在心里确定具体买哪个款式的，到了市场，到了第一家有此商品的店，直接砍价，合适就买下。再或者，听导购员的建议，直接买下。这些都比纠结于买哪一个强。

从最根本来说，无论怎么选择，都不一定满意。我们知道，事物都有两面性。在做出选择的时候，只能选择一面或偏重一面，因为在一定的条件下，只有那一面对我们有利。但是，这是暂时的，并不绝对，换到另一条件下，“利”可能变成“害”。比如需要一把水果刀，你去买的时候，有大小两种选择，大的不但可以切苹果，还可以切西瓜，于是高兴地买回家。这种选择标准在当时完全正确。你可能为自己的明智而越用越高兴。但是如果有一天，用完刀之后，没有入鞘，儿子不小心把它从茶几上碰下来，刚好划伤了脚。此时你会在懊悔中发现，大刀的危险性高。所以，买完东西回来夸耀买得好的人，说的都是片面之词。

可能不利的一面永远不会展现出来，但它是客观存在的，事实上迟早会暴露出来——我们之所以有负面情绪，不都是因为事后发觉做了错误的选择而后悔吗？但从广义上讲，我们只能后悔，因为就算当时能看到两面，却只能选择一面。狭义的后悔应该是因为当时看得不全面，那么事后分析清楚，下次遇到同类事件改正即可。这样不管广义还是狭义，后悔情结根本不应该存在。我们应该大胆、自然地做出选择，而不是被选择本身所胁迫。

对某些人喜新厌旧是一件好事

对物件喜新厌旧也可以是一件值得庆幸的事。否则，我们就可能会积累无数旧东西，最后被它们挤得喘不过气来。

一位金华的老板，可以说是牛仔裤收藏家。他独自买了一套房，专门放了十几个衣柜，柜子里装的全是牛仔裤。有的牛仔裤都有20年历史了。当被问及是不是真的喜欢收藏牛仔裤时，他说不是，那些都是他和家人的裤子，其实也不穿，只是找不到扔掉它们的理由。

财力富余，外人不能非议，但不是人人都可以这样。对普通人而言，当物件堆积如山，给自己带来困扰并妨碍别人生活时，就要高度注意了。

小李最讨厌搬家，因为他的家当出奇的多，光牙缸就有五个。这是他三年以来的“成果”，他一件也舍不得放弃。但与他合租的朋友有意见。因为小李自己的房间已经盛不下这些日常用品，现在半条走廊都充斥着盆盆罐罐。

以上两个例子说的都是囤积强迫症。此症的表现就是舍不得扔掉他们囤积的大量用不着的东西，并影响自己或他人的正常生活。他们会想方设法记住为什么当初会保留这些没用的物件，到自己出入困难决定弃置几件的时候，还要花很长时间搜寻与它们有关的记忆。他们有强烈的占有欲，即使破了五个洞的袜子也舍不得丢。自然而然地，囤积强迫症的表现被看成邋遢，然而两者没有必然的关系。上述金华老板就喜欢整洁，邋遢只是无奈的表现。

心理学家认为，囤积强迫症不是一个坏习惯，是一种生理兼神经系统的疾病。对此症患者而言，谈不上纠正，只能是治疗。他们也知道自己有囤积物品的毛病，也知道这妨碍了正常生活，但他们也很无奈，只好借口没有时间，拒绝改正。他们处理我们眼中的垃圾时，要花费大量的时间来回忆它们，最后决定要不要扔掉。这样从时间上看，决定扔掉比囤积着，更干扰正常生活。

目前还没有特效药可以治疗囤积强迫症。此病虽然难治，但是排除它带来的困扰就比较简单。那就是强制帮助他们把囤积的东西处理掉。不过要注意，他们貌似对这些陈旧物品有特殊的感情，所以在弃置时会有焦虑情绪。能安抚最好，不能安抚，尝试引导他们自己做出决定。

不美就觉得有罪

如果不能理性对待，任何一件事都可以发展成行为强迫症。爱美这件事就是一个典型的例子，与之相应的是美丽强迫症。不过，它的病态特征并不那么明显，还不至于使人们的生活受到困扰。有的人因为觉得自己太丑而不愿出门，越来越孤僻。英国一位很漂亮的女性因为觉得镜子里的自己太丑而自杀了。可见，爱美也可能恶化成恐惧症。

过分爱美的人像着魔一样，因此我们可以缓和地称它为爱美瘾。俗话说，爱美之心，人皆有之。爱美瘾正好体现了大众对美丽的热烈追求。

有爱美瘾的人，会极其关注自己的形象。他们常常过分化妆，不化妆不出门；一天换好几次衣服，镜子成了好朋友；天天称体重，增加半斤就惊慌不已；注射美容针，美体整容。这些也许是相貌出众者的表现。对于相貌平平者，他们除了有上述表现，还会有严重的自卑心理。他们更爱镜子，但不是对着镜子赞叹自己的美貌，而是伤感自己的不美丽；他们更喜欢穿漂亮衣服，正是为了衬托自己；他们更爱化妆，以掩饰自己的缺陷。凡此种种，都是强迫心理。不计代价使自己变得美丽，殊不知已经远离真实的自己。

大众对美丽追求再怎么炽热，也是业余的。还有一部分专业人士，他们更注重打扮，精心化妆，甚至去做隆鼻等整容手术。比如美容店的工作人员、演员、高级白领等，这是工作需要。至于他们有没有爱美瘾，我们不必知晓。他们也生活在大众之中，正是他们的风采或气场，使大众本来就蠢蠢欲动的爱美风潮悄然兴起。

除此之外，还有催化大众爱美风潮的更大因素，那就是社会审美。在现代社会，姣好的外形是一种明显的主流优势。人们普遍认为，好相貌、好身材与好工作、好对象紧密相关。事实也是如此。同等知识和能力条件下，面试官大多会选择相貌美丽或帅气的人。这种社会审美会对大众（当然也包括审美者自己）产生极大影响。它可能扭曲大众审美观，使人们认为美貌不但是一种主流优势，更是一种绝对优势，把好外形等同于好工作、好生活。

除了社会审美，个人的早期经历也可能导致爱美癖。

17 岁半的高中生婷婷有严重的暴饮暴食症，大口大口吃东

西，吃完会吐出来，有时会吐出血来。说来可能奇怪，她这倒不是生理原因引起的，而是心理问题。原来她极其爱美，对身材和体重有严格的控制。婷婷从小就爱干净，人也长得漂亮。周围人见到都会对她夸赞一番，爸爸妈妈也引以为荣。她在学校也受到关注。可是后来有一个比她更漂亮的女孩儿转学过来，众人的眼球一下子转移到了那个女孩儿身上。为了“争宠”，她开始节食，但长时间下来，食物对她的诱惑越来越强烈。终于有一天，好像死灰复燃一般，她大快朵颐。但是多吃会发胖，她想到了一种看似非常有效的办法，那就是把吃下去的食物再抠出来，或者用其他各种办法催吐。渐渐地，这形成了习惯，终于演变成暴饮暴食症。

婷婷的情况，我们说她是美丽强迫症也好，说是饮食强迫症也可以，但都因为别人对她美丽外表的夸赞，使她形成了“唯美是从”的审美观。我们通过她的例子，可以看出，太过爱美，除了强迫心理，也会给身体带来某种摧残。

然而，我们已经说过，这种美丽风潮无可厚非，大众早已爱美成风，原因在哪里呢？就在于“爱美之心，人皆有之”这句俗话。爱美是人类的天性。所谓的美丽，就是形态给人舒服的视觉感受。第一眼看上去就很舒服的人才是美人。所谓丑陋，是对视觉产生不舒服的刺激。而舒服与不舒服可以称之为利和害。正是人类趋利避害的天性，使无论美丽或丑陋的人都自然而然地爱美。真正无可厚非的是这种天性。

现在也有“第二眼美女”或“第二眼帅哥”的说法，这是对美的扩大。如果这样无限扩大，把心理感受也掺和进来，那初始丑的最后也是美的。这种审美才是理性的。放眼四周，还是相貌一般的人多。很多时候，我们会把不美当成美，可以说，这更是对美的全面认识。如果放纵爱美的天性，唯“美”是从，不但会伤害大多数人的自尊，也会侵害自己的健康心理。

木桶理论可以很好地反驳“不美就有罪”的想法。一个人好比一个木桶，相貌这一块木板再长，也不能因它而装更多的水；如果有一块短板，一个人整体的容量就会从那里流失。一张出众的脸蛋，搭配粗俗的言行，也很难让人产生长久的好感。人类通过教养，学会了注重内涵。在绝大多数人眼中，内在美可以升华外表美，而外表美不能弥补内在丑。所以，与其忍痛或冒险改变自己的外貌，不如不断提升自己的内在修养，比如学习音乐、多读几本书等等。

穿衣化妆、美体整容是人们在释放爱美的天性。在爱美俨然已成时尚的今天，似乎不能贬低它，不能愤怒地称其为爱慕虚荣。但是，任何事情一旦过分，即使不会妨碍别人，也会困扰自己。整容有风险，化妆有隐患，名牌的衣服昂贵，在已经承受到这些弊处或代价的情况下，仍然要追求美丽，就是过分。一个人在满足自己的爱美之心的同时，可能已经不堪其累了。

还有一点，如果美丽需要天天用化妆品和漂亮衣服来维持，那么不要也罢。貌似整容可以“改头换面”，一劳永逸，但是一个人的过去和天生的东西是永远不能从内心抹去的。人人都不用真实的面貌相对，活在虚假的心理影像之中，又有什么意义？真实更是人们崇高的精神追求。真正的美也只能产生于真实。美丽可以虚构，但不能永恒，骗不了自己，也瞒不了别人。

一尘不染了，还是要洗

强迫症更像是一种现代病，但事实上，古已有之。

明代画家倪云林有严重洁癖。他的文房四宝由专人保管，要求必须时刻保持一尘不染。院子里有几株梧桐树，他要求仆人每天擦拭。一天，朋友留宿他家。晚上，他担心朋友不爱干净，弄脏了什么地方，就一遍遍地“视察”。因在夜里听到朋友咳嗽了一声，第二天，他就下令仆人务必找到朋友把咳出的痰吐到哪里了。仆人应付地找来一片脏叶子，他看了一眼，当即又紧闭双目，命令丢到三里外的地方。

洁癖是强迫症的一种。一个人可以保有一个无伤大雅的癖好，但其背后是强迫心理。当强迫心理困扰自己、妨碍别人时，就成了强迫症。严重洁癖一定是影响正常生活的，正像倪云林那样。洁癖表现归结到一点，就是过于注重清洁。具体表现是：反复洗手、夏天一天洗几次澡、不洗澡就难以入睡、害怕抓头掉头皮屑、见到不干净的行为就惊慌不已，等等。

洁癖的来源就是爱干净的心理。这种爱干净心理的成因不止一个，完美主义是一个最大来源。众所周知，任何事情都要有一个度，过犹不及。完美主义也许是好的，但过分的完美主义不可取。过分追求完美者，性格固执、呆板，他们往往苛求理想条件，无法忍受模棱两可。一旦不能完美，他们就会出现紧张不安、暴怒等过激情绪。完美已经影响其正常生活。他们过分追求完美，自然也不会放过清洗这个过程，貌似无论怎么清洗，也无法达到他们想要的清洁程度。更重要的是，他们是在通过清洗这个动作来缓解自己对周围事情的紧张不安。因为绝对完美的理想不可能实现，他们内心充满困惑，认为周围的人和事都不对，好像都需要清洗，只有这样才能“纠正”它们。

个人经历也会使人患上洁癖。对于敏感的孩子（大部分小孩是敏感的），严格的教育方式会给他们带来暗示。他们会认定，一切事物就应该井井有条，一切事情都必须十全十美。这就种下了强迫心理的种子。

其他看似无关的痛苦经历，比如亲人去世、车祸、父母离异、破产等，也可能导致洁癖式的强迫症。这是一种代偿行为，或是自卑心理的反映。当某种心理欲望得不到满足时，人们可能通过其他方法获得。除了上述经历外，一个人长期精神紧张、正常需求得不到满足、没有时间享受生活、感受不到幸福等，也可能会通过反复清洗来得到满足。

洁癖是一种心理障碍，但我们已经反复说到，心理可以影响生理。除了心灵受到困扰，损害身体，折磨自己以外，还有可能使免疫力下降。下降的原因再简单不过了：免疫能力存在的前提是病原体，而这病原体多为细菌性的；我们本来就是与细菌共同生活的，体内肠道菌群也是致病菌和益生菌的平衡；反复清洁和消毒，带走大部分细菌的同时，也会使我们身体的免疫机制缺少存在的意义。

洁癖症患者几乎没有朋友，要有也是同样有洁癖的人。他们可以在一起交流“心得”。就像倪云林那样，有洁癖的人不会容忍朋友一点“肮脏”的行为。最后，朋友只有远离有洁癖的人。因为正常人都知道，绝对干净是达不到的。与其不时受到指责，不如敬而远之。所谓人至察则无徒，就是这个道理。

洁癖是心理障碍，要从心理方面治疗。洁癖的本质是对脏的外界不适应，所以强迫性地使患者接触脏的环境是有效的。这里只举出满灌疗法：蒙上患者眼睛，把各种透明和不透明的液体交叉涂抹在其身上，并夸张地描述脏的程度。由于透明液体的存在，当眼睛得到释放时，见到的景象不会比他想象得脏，从而他会发现脏的事物也没有那么讨厌和可怕。

第十章

完美至上

爱情洁癖

洁癖不光是针对自己的身体和外界事物，也可以针对爱情。

爱情洁癖的一个表现是处女情结。狭义的处女情结大多指男人对自己的配偶不是处女而心存芥蒂，并且或含蓄或明显地体现在夫妻共同生活中。有时候，女人也有这样的想法。无论男女，这是一种近乎本能的内在情感。也正是这个原因，古代才会有那么多贞节牌坊吧。

广义上的爱情洁癖，不但要求对方没有任何恋爱经历，更要求对方对爱情全身心投入。此类人多为女性，她们追求纯粹的、无瑕的爱情，不会宽容对方的一丁点过错，一有过错，就会追究到底。不夸张地说，在她们心底，犯错等于分手。一方有爱情洁癖，双方都是其爱情的牺牲品。

有这样一则故事：某女坐飞机到留学的丈夫身边团聚，发现他在带孩子。经证实，孩子是另外一名国内女留学生的。但该女还是怀疑两人有暧昧关系，为此要求丈夫回国。丈夫不答应，两人大吵了一架。几天后发现，此女私下虐待孩子。

这是中度爱情洁癖的表现。爱情洁癖的表现大致可以分为三个层次。轻度爱情洁癖的人，常常无端伤感、抑郁，因为他总是希望爱人能够完全了解自己，按照自己的意愿行事，但这无法实现。相逢容易相处难，爱情之路太难走，不是每段恋情都能通向婚姻。所以按照爱情洁癖者的眼光，人人都有“爱情污点”。中度爱情洁癖的人，会在日常生活中忍受对方的过错，但心里压抑，只要对方一和异性有看似过分的接触，就会大发脾气。重度爱情洁癖的人，会不断臆想对方的陈年旧事，一旦发生什么事，就与之对比，并耿耿于怀，想分手又无法割舍。他的爱情少了甜美和喜悦，更多的是挣扎。

看了前面几节，我们很容易理解，爱情洁癖就是极端的爱情完美主义，也是一个人自私的表现。有爱情洁癖的人，很难遇到真爱。即使对方对他不离不弃，也是长期忍耐。因为在爱情中没有一个人可以无限期地只付出，却不求回报。

爱情当然需要专一，不要滥情；需要互相忠贞，拒绝背叛。但这是一个人的自觉行为，不是对方强迫的结果。爱情本身也追求完美，但这种完美是双方沟通后共同缔造的，而不是一方把自己的完美主义强加给另一方。也许这种完美无法永远到达，但爱情依旧存在。《圣经》中说，爱是恒久忍耐，又有恩慈。如果有爱情洁癖的人能够明白这一点，站在对方角度看待爱情，他就可以不医而愈了。

所以，爱情里要懂得替对方着想，包容对方。

完美主义者用拖延对抗焦虑

我们都知道拖延不好，它会使人错过很多重要的东西。比如，老板见员工勤快，还经常加班，想给他加薪，却发现他是因为拖延完不成工作才加班的，就放弃了。在朋友或孩子拖拖拉拉时，我们还会用到“懒惰”这个词。其实，真正的懒惰，是根本就不做，而不是拖到最后再做。很多拖延行为，出自完美主义者。

我们会发现，爱拖延的人就算遭受了惨重损失，还是会拖延。长期拖延可能是心理或生理失调，是一种病态。这种病态行为的本质却是焦虑。拖延是对抗焦虑的一种办法。

任何人在做一件事情时都会焦虑，只不过有轻重的差别。人们之所以对事情有或大或小的焦虑，是因为对它有某种期待。因为未发生的事情都存在变数，人们就会担心内心的期待能否实现。期待越高，焦虑越强烈。焦虑之所以不能消除，是因为期待不能消除。因为期待是做各种事情的根本需要。如果没有期待，人的行为就会盲目。没有方向的人类，不会进步到今天。

缺乏自信的人和自信心十足的人都可能会有拖延行为，因为都会有期待。

缺乏自信的人更容易焦虑，这是非常自然的事情。高考的时候，不知道一道题目怎么解答，就会焦虑不已。完成任何一件事情，都有其程序和技巧，也就是需要一定的能力。如果没有这个能力，这件事摆在眼前时，就是焦虑开始的时候。所以缺乏自信的人，是在怀疑自己的能力，或者怀疑自己是否具备足够的能力。他的每一步动作都会比较慢，这是为了确保在自己的能力范围内，不会与预期结果有太大偏差。但总体来看，他的方向没有错，所有动作总体是有效的，只不过效率低下。

对于自信心十足的人，是另一种情况。他们相信自己有富余的能力完成一件事，可以在短期高压的状态下工作。这对他们来说也是一种刺激。所以在缺乏自信者已经笨鸟先飞的同时，他们会轻松地休息或娱乐。当笨鸟飞到最后一站时，“快鸟”开始行动了，他们要一气呵成。但是，我们说过，没有发生的事情都存在变数，“快鸟”们会发现，在快速工作的同时，问题也一个个快速呈现出来。由于时间的限制，“快鸟”们此时的焦虑比笨鸟强好几倍。我们已经说过，拖延是在对抗焦虑。虽然他们告诉自己，要有条不紊，不要慌张，但越是这样，自己越不听使唤。对拖延的负罪感，还会加剧其焦虑情绪。这样更加拖延，最后可能完不成任务。可以看出，这近似龟兔赛跑。

在一个人不具备消除焦虑心理的能力时，无论是哪一种情况，拖延者都是无辜的。缓解这种焦虑是治疗拖延症的不二法门。当然，因为任务本身存在，期待也必然存在，所以彻底消除焦虑的办法是没有的。我们只能把它降低到心理可以控制的范围内。纵观上述内容，可以找到两条途径：一是使自己具备足够的能力；二是使自己的预期更准确。具备能力的办法，就是学习和训练，在此不必赘言。当足够具备完成一件事情的能力时，上述自信者的方法自然是不可取的。事实是那不是真正的自信，真正的自信是足够理性地了解自己的能力和事情进行过程中可能遇到的难题。只有这样，他才会脚踏实地，一步步进行。那么，就只剩下如何使自己的预期更加准确的问题了。

我们开头说，完美主义者往往爱拖延。完美主义者当然可以是上面两种人。完美主义者还相信：多给我一点时间，我能做得更好。其实这背后还是不恰当的期待，还是焦虑。拖延者更像是空想家，他们当然看到了事情进行过程中的未知变数。正如他们对自己可以到达的结果预期过高一样，他们对困难也预期过高。他们很害怕看到自己实际工作的结果与自己想象的不匹配，害怕各种虚幻的“理想自我”在现实中走向破灭。其实只要准备充分，实际行动起来，这些想象中的困难不会出现；至于看不到的变数，在一个较短的时间里，也几乎不会出现。即使出现，也是容易战胜的那种。所以，我们可以把对一个事件的最终预期，化成几个短期过程的预期。这样会明显提高可控制性，从而缓解焦虑感。

完美主义者或者爱拖延的人，应该相信，只要具备行动力并调整到合理的心理预期，那些自己设立的屏障，在逐步完成任务的过程中，要么不会出现，要么容易翻越。就算万一还失败了，也同样可以在跌倒的地方重新爬起来，坦然面对就可以了。

强者在于承认自己的不足

要强心是单方面的完美主义，完美主义是全方位的要强。

人人都要强，只不过要强程度有高有低。无论是自己的外表、工作能力，还是人际关系，人都希望自己达到较高的状态。要强分为对自己要强和在别人面前逞强。对自己要强的人，设定一个目标后，有一种竭尽全力完成的勇气和耐力。处处要求强于别人，也不是积极的行为动机。人既要承认自身能力，也要承认不如他人的地方。

尺有所短，寸有所长，没有一个人可以面面俱到，处处强于他人。事实上，我们在日常生活中，发现自己常常有些方面不如别人。

但我们会承认吗？如果承认，是心悦诚服的吗？

一位厨艺高超的父亲和他的女儿经过一家饺子馆，透过橱窗看到包饺子的厨师精湛的手艺，就和电视上一样既神速又漂亮。父女两人都赞不绝口。女儿对父亲说道："爸爸，这个厨师在包饺子方面比你还好。"父亲愣了一下，随即说道："是的，我不如他。"

父亲没有强求自己非要强于他人，这是豁达的人生态度。重要的是，他还言传身教，把这种态度展现在孩子面前，这需要巨大的勇气。因为在孩子眼中，父亲总是无所不能的。这个孩子长大以后，会坦然面对自己的弱势，不和他人做盲目攀比。

承认自己的不足，能使自己免于承担不必要的责任。敬谢不敏比打肿脸充胖子强。只有认识到自己有些地方还不如人，才会开始稳扎稳打，逐步提升。否则就会整天忙于打肿脸充胖子，迟早焦头烂额，暴露无遗。

也不要苛求完美。完美只是一种理想境界，绝对的完美永远不能到达，只能无限接近。美国总统富兰克林·罗斯福对他的民众坦然说道：如果他的决策能够达到 75% 的正确率，那就达到了他预期的最高标准了。

承认自己不足，不是妄自菲薄。人本来就很渺小。一个人也许在家庭中、在公司里、在公众当中很强大，有足够的影响力和号召力。但是，第一，前进的方向没有尽头；第二，与身边的人比较，他可能仍有不如人的地方。更何况，整个人类对于宇宙，也不过是太仓一粟。这不是渲染悲观论调，而是在强调客观事实。我们还是要追求强大、追求完美，但是要在承认不足的基础上。

人们之所以爱逞强，缘于骨子里天生的进取心，只不过这分进取心有点变质。进取心就要求人越挫越勇。其他心理，比如虚荣心、嫉妒心、攀比心，只能使人不自觉地死撑。超越别人后，当然可以开怀大笑，但不是因为虚荣心得到满足，而是为自己具备了某一领域的知识或能力而喜悦。

第十一章

变态心理

每一个人都存在自恋心理

自恋一词的英文是 Narcissus，中文音译为纳西索斯，它既是一个古希腊神的名字，又是水仙花的意思。这源于一个有趣的古希腊神话：

纳西索斯是一个相貌超群的美少年。有一天在水边散步，看到了水中自己的倒影，认为这个美少年极其漂亮，就爱上了他。纳西索斯伸手去抱，可是一触及水面，美少年顿时不见了。纳西索斯只能看着水中的美少年，每天茶饭不思，最终憔悴而死。他到死也没有明白，水中的美少年就是自己。众神惜其美丽，把他变成了水仙花。

自恋是健康心理的重要元素，是人的基本心理需要。自恋的定义是，由于自信或自卑而自我陶醉的行为习惯。可能读者想不通，为什么自卑也可以导致自恋。我们肯定知道“过度谦虚就是骄傲”的道理，这种对立统一同样适用于此。并非所有的自恋都是病症。我们所说的自恋，其实是指自恋型人格障碍或自恋症，它是令人反感的过度自恋。如果任由自恋症发展，常常会导致更严重的病态，比如人格分裂和抑郁症。

要了解自恋症的成因，要先了解自恋的机制。精神分析大师弗洛伊德曾经指出，自恋型人格障碍的状态，是向自我投入力比多而导致的兴奋状态。力比多是libido的音译，可理解为“性力”“欲力”或“心力”，一种机体生存、寻求快乐和逃避痛苦的本能欲望，是投注给外界客体的。本该投入外界的力比多，反投到自己身上，自我主体就得到过分夸大。其实，自恋者的主客体是混乱的。他已陷入不切实际的幻想之中，好像自己在和另外一个自己谈恋爱，自己的虚荣从中得到满足。

后来，芝加哥大学教授科胡特指出，自恋的本质就是力比多。或者更直接说，自恋就是人类的一般本质。自恋是一种自我胜任、获得喜悦的过程。具体是这样的：大脑对外界形成一种期待形态，在此形态下做出决定，付诸实践。实践的结果再反馈给大脑，大脑将结果信息与之前的期待形态对比，如果匹配成功，人就会获得自我胜任或自我价值的喜悦；如果不能成功匹配，大脑会反复修正上述决定、实践、对比，直到成功。如果修正始终无效，就是自恋失败，大脑会暴怒或焦虑，过于强大的暴怒或焦虑会使大脑放弃这种期待，产生消极防御——抑郁。如果把力比多投入自我主体，自我幻想，就是自恋症了。

其实，自恋型人格障碍在一岁半到三岁的婴儿期最易形成。婴儿一得不到满足，比如饿了吃不到奶，就会放声大哭。从这一点可以看出，在婴儿的心理世界中，他是全能的，这种全能性必须得到满足，满足则获得快乐；如果得不到满足，就会暴怒，也就是号啕大哭。然而，养育者（多指母亲）有可能会无法满足他（比如出门买菜、离异等情况）。如此一来，婴儿便不能与内部期待成功匹配，对外界失望，并放弃这一期待，以自体幻想来替代补偿自恋的需要。这种幻想型自恋超出常人所能接受的范围，就是自恋症。

那么，养育者是如何不满足婴儿或儿童的全能性的呢？父母长期分离、关系不和、态度粗暴、溺爱孩子，这些都是。自恋者往往有以上经历，他们觉得，只有自己爱自己才是安全的，爱自己是理所应当的。自恋症患者的自恋是从童年到今天的长期行为和习惯，而普通人暂时、短期的自恋都是正常的。

有自恋症的人表现多种多样：认为自己是全能的、特殊的，应享有他人没有的特权，并喜欢指使别人；过分夸大自己的成就和才能；沉湎于成功、权力、美丽或理想爱情的幻想之中；态度傲慢、冷淡，缺乏同情心，忌妒心重，自私；难以和他人有同感，好独处，难以关系亲密；渴望赞美，易暴怒和失落。

可以用一句话来概括：以自我为中心，自我夸大。

有自恋症的人自恋已经属于非理性，无法控制，只能被它驱使，“千方百计”寻求他人的赞美，却永远得不到，因而内心永远无法宁静。一般来说，治疗自恋症的方法有两种：一是罗列别人反感自己、批评自己的地方，从而解除自我中心观；二是关心他人。前一种是难以实现的，因为自恋者的自我省察能力比较低，除非有人给他醍醐灌顶。当自恋变成一种坏习惯，最好的办法是用一个好习惯来替换它。所以关心他人是切实可行的，而且会有事半功倍的效果。在关心他人的过程中，他人的回报，比如感谢、夸奖，是自恋的真正实现，与幻想相比，高下立判，自恋者内心会自动做出选择。

性变态的人因患有心理疾病

恋物癖，绝大多数时候是指男性变态地收集异性贴身物品，如内衣、袜子、卫生巾等，其方式往往是抢劫和偷窃。

有这样一则案例，南京市几位女孩发现自己的内衣经常不翼而飞。于是和她们的男友经过几天蹲点，终于将偷衣贼现场抓获，竟然发现行窃者是一个高中生。

统计发现，一些人在青少年时期就可能染上这个毛病。究其原因，青少年得不到良好的性启蒙和教育，又沾染淫秽物品，对性产生了极大兴趣。他们无法通过正常渠道排解，就可能会有如此变态行为。长期得不到纠正，成年后就会形成恋物癖。他们成功偷窃或抢劫后，往往会伴随此物有手淫行为。

在日常生活中，他们很少有攻击性或暴力行为。他们不是害怕性生活，就是能力低下。必须指出，恋物癖是一种心理疾病。我们不能一味地责怪他们，倒是要提防自己也患上。从广义上讲，人人皆有恋物癖，比如独爱某一种物品，不过这都是正常。

如要治疗这一怪病，需要从三个方面入手：第一，此类人要洁身自好，正确认识自己的性需求，在生活中杜绝接触淫秽事物，培养其他正当兴趣，陶冶情操，重塑人格；第二，要投入社交之中，在社交中建立正确的人生态度和人生观，挖掘潜能，实现个人价值；第三，社会监管，既要治理涉黄现象，又要及早干预他们的恋物癖行为。

异装癖是一种通过穿着异性服装得到性满足的变态行为。男性有异装癖者居多。异装癖者开始只穿一两件异性服装，并只在自己家里穿，后来逐渐开放，件数增加，穿到室外，穿到公众面前。他们只有穿着异性服装时，才会觉得平静和舒适，一旦脱下来，就极其紧张不安。

异装癖者一般在 5~14 岁，产生了与异性有关的色情幻想，或者有不良的性经历，最后对性产生了惧怕和忧患，而穿着异性服装解除了这种不良情绪或罪恶感。幼年时没有正确地辨认自身的性别，长大之后也可能形成异装癖。比如，父母想要女孩，结果生了个男孩，把男孩当成女孩来打扮照顾，并给予更多的关注和抚爱。同样是在幼年时期，严父慈母的教育方式可能会使男孩过分美化女性，甚至是神化，并在内心极度渴望接近。有不少男性异装癖者就是从偷用母亲的化妆品开始的。

有一种性偏好障碍，会对性对象造成身体伤害，可有时是对方反而变态地乐意受到折磨，这就是性虐待症。

为引起冲动或带来快感，有性虐待的人在性交前或过程中总是需要施加或受到变态的身体或精神折磨，而且多致伤残甚至致命。

之所以施加“惩罚”，是因为双方或一方对性的错误认识，对它有深深的罪恶感。只有先给予或受到惩罚，才能谈得上得到满足。他们可能受到封建思想的消极影响，并伴有对女性的极端偏见甚至仇视，在夫妻生活中往往是害羞被动的。研究表明，他们还经常浏览黄色网站，接触或使用淫秽物品。

综合来看，性变态都是在寻求异常性快感的邪恶手段。从经历上说，都有性方面的心理阴影，都或多或少地接触淫秽信息或物品。此症难以自治，需要接受专业的治疗，需要朋友或大众的帮助，社会监管也要有力地进行。

性是美好的，性心理学无疑是心理学的重要部分。在弗洛伊德看来，性甚至是生活的最基本动力。但是，这种美好的基础力量，在有些人那里，成了镜中花水中月，得不到又渴望，才会产生各种心理疾病。每个人在性方面都有天生的羞涩感，他们内心肯定也不愿意惹人讨厌，只是心理疾病促使他们这样。从这一角度说，他们是需要接受治疗的病人。

偷窃的动机不一定是钱财

偷窃的欲望源于人类天生的嫉妒心。自己没有的东西，如果自己没有办法得到，觊觎久了，有的人会萌生邪念，比如偷窃。所以说，偷东西的第一动机就是获得财物，补充自己的实际短缺。然而，有些人的偷窃行为不是出于获得财物。

生活中有一种小偷，他们偷的东西不名贵，自己也不一定用得上。那么他们偷窃的动机是什么呢？要满足什么呢？

2002 年 10 月，某大学发生了一起奇怪的偷窃案。说它奇怪，是因为新生女宿舍在两个月之内出现了 20 次被盗事件，但所丢

物品，都是牛奶、水果、零钱一类，其价值从来没有超过100元。经调查，警方最终把嫌疑锁定在一位姓罗的女生身上。校方收到这一结果时，大为震惊。因为无论学习还是品行，该生的表现都十分优异。起初，该生坚决否认。在老师的开导之下，她终于承认了。当被问及为什么要偷窃时，她的回答再次惊呆了所有人。她说，偷这些东西，不是因为生活窘迫，而是为了报复周围的人。

其中隐情是这样的：

罗某的母亲个子矮小，五官长得不协调。尽管她母亲勤劳能干，待人友善，但她们母女俩还是被有的人轻视和讥笑。这都看在了年幼的罗某眼里，她特别希望通过自己的努力，使别人尊重她的母亲，看得起自己。所以从上初中开始，她就发奋读书，而且做到了名列前茅。但是，她总是独来独往。同学们就认为她性情孤僻，无法和睦相处。

我们肯定会同情这个女孩的处境。此时的她已经陷入自卑、绝望之中。在如此极端压抑中的人，大多数都会有极端行为。最常见的就是把自卑和绝望转化成恨，进而报复。据女孩自己供认，她是在借此发泄内心的自卑和绝望。

我们再来看看一般意义上的偷窃行为。一般的偷窃动机，一种是生活所迫，一种是对某一名贵物品的强烈渴望。而小偷从初犯成为惯犯，关键在于第一次是否成功。得手促发了他的下次作案，甚至有可能变成职业扒手，扩大社会危害。

当偷窃变成一种病态心理，要预防与治疗并重。怎么预防呢？老师和家长应帮助提高学生的道德意识、完善其人格；社会应加强道德规范；在我们遇到偷窃行为时，一定要想办法制止，因为他很可能是初犯，不能让罪恶壮大。对于心理障碍性偷窃，当然要及时寻求治疗方法，我们在责备或惩罚之后，也应尝试原谅。从上面的例子可以看出，大众的偏见对一个孩子的恶性心理具有生成和催化作用。从这一点上来说，我们的心理也需要改造，不能戴着有色眼镜看人，要学会向孤独的人表达友善。

“儿童控”，有可能是“儿童虐待癖”

儿童的天真无邪，可能是成年人永远无法企及的梦。当你发现成人的世界如此复杂时，你会发现和儿童交往是那么快乐。所以有的成人才会酷爱可爱的孩子，并称他们是“萝莉”和“正太”。酷爱孩子一族也就成了“萝莉控”和“正太控”。在日本，“控”字指的是对某种事物有狂热喜好的人。殊不知，当你标榜对小女孩或小男孩“控”的时候，那极易变成“恋童癖”。

我们见到过这样的报道：某男性猥亵儿童。我们常常用“丧心病狂”来形容此举。那么从心理学的角度分析，这些人得了什么病呢？恋童癖。恋童癖也是一种性变态行为。恋童癖者多以10~15岁的孩子为爱慕对象，通过性侵犯的方式来获得自身性满足。男女成年人都有患上此病的可能，但男性居多，且多为中年男性。

之所以提醒“萝莉控”谨防变成恋童狂，是因为过度喜爱儿童就是恋童癖的一个诱因。儿童不仅仅是天真可爱，而且孩子是不设防的，但成人的思想有其肮脏的一面。对于一个自我控制力低下的人，一旦大脑闪过邪恶的念头，就会成魔。从这一角度来说，“萝莉控”多少有些社会伦理隐患，社会和家长都应引起重视。

恋童癖的第二诱因，就是男人对所谓“女神”“御姐”等极具诱惑力女性欲望的转移。这可能更适用于男性犯罪。这类女性面庞姣好，身材妖娆，成熟性感，事业成功，成为男人的爱慕对象是正常的事。我们可以把“女神”“御姐”的所指范围扩大到一般强于男性的女性。有恋童癖的人多是如此，由于在女性面前的自卑感和恐惧心理，他淡化了成人间的情感、性生活等方面。而小女孩基本没有防范力，就成了他们犯罪的目标。

第三个原因，也是最重要的一个，那就是懦弱性格的人对生活困难的逃避。这种人往往自身能力差，一旦遇到挫折，首先想到的不是勇敢面对，努力提高自己，而是逃避。他们想，孩提无忧无虑的时代多好啊。再加上现代人交往时涉及人情、功利，更突显了儿童的天真无邪。为了满足自己的变态心理，他们选择向儿童下手。

以上三种原因并不是单独作用，可能一位恋童癖者身上同时具备三个条件。

由于恋童癖者的畸形心理，除了对孩童造成性侵犯，还有可能造成身体伤害。所以预防是非常有必要的，但不能因此成为惊弓之鸟，见到成人抱孩子就上去制止。其实恋童有两个层次，只要不成邪癖，自己可以控制，与孩子偶尔有亲密接触，对成人和孩子都是好的。如果达到病态这一层，就需要心理治疗了。最有效的就是厌恶疗法，在接触到已经确认的恋童癖患者时，只要他一有此动向，就对他实施电击或注射药物等强刺激性措施，以使他产生条件反射，不敢“恋童”或“伤童”。

以上情况，是有恋童癖的人对无辜孩子带来的身心伤害，也就是性虐待。而在父母这一人群中（多为母亲），还存在另一种怪举，是另一种虐待，或者可以称为虐童症。

暴虐幼女案：李某想要一个儿子，结果生了个女儿。失望之下，将其交给别人收养。收养者后来有了自己的孩子，遂送回。

李某很生气，加之女儿调皮邋遢，又迷信自己属相和女儿相冲，常以木棍打、开水烫嘴等方式虐待女儿。2006 年 6 月 5 日，李某再度抽打女儿，致使其全身软组织损伤。2007 年 11 月 7 日，李某被判虐待儿童罪。李某犯罪动机很明显，生男不成和迷信属相不和，就在孩子身上泄愤。

孟乔森综合征（熟悉病理者频繁致他人或自己生病，进出医院看病）虐待案：

芝加哥一位护士爱丽丝，与丈夫育有一个可爱小女。后来丈夫提出离婚。祸不单行，女儿又突然生病，日渐瘦削。爱丽丝几乎每天都往返于家和医院，女儿的病好像治不好似的。一天，院方发现，女孩有被其他人静脉注射的痕迹。经查，果然非院方所为，遂报警。调查结果竟然是爱丽丝有意饿自己女儿，或喂其不干净食物，或静脉注射污染物。总之，她故意让女儿生病。证据面前，爱丽丝交代了虐待女儿的原因。第一，离婚后，女儿是精神支柱，想得到抚养权；第二，不想丢掉护士的工作。与其说爱丽丝是出于爱孩子的心，做出伤孩子的事，不如说她是重压之下，心理扭曲，反复通过致病治病的过程来证明自己爱孩子，得到他人的赞扬。

总的来说，不管外人还是父母本人，都有可能伤害孩子。我们可能更多是听说此类新闻，很少亲眼见到。如果家长以为，它们离自己很远，那就错了。实际上，孩子也会为了得到父母的爱而伤害自己。在现代社会，生活节奏加快，父母因为工作忙而忽视孩子的行为，也是轻度虐待。严重的话，会导致孩子的病态心理，比如自残以求关心，或者陷入抑郁。请允许我用一句孩子的歌来劝告天下父母："爱我你就陪陪我。"

成年了，却依然恋父、恋母

家人是靠山，父母是港湾。对父母的爱既是孝的本质，也是天然的依赖。如果成年之后，还不减少这种依赖，甚至变成男女之爱，就会给家庭带来危机。

一般来说，女儿容易恋父，儿子容易恋母。

现在，很多女性有"大叔控"。"大叔控"说的是女人喜欢比自己年龄大很多的成熟男人，并愿意把他当作自己的伴侣。中国男女婚恋观报告指出，18~25 岁的女性有 70% 是"大叔控"。也有极少数女性，扬言要跟父亲过一辈子。

这在心理学上都被称为恋父情结。恋父情结是女儿无法与父亲在心理上分离。心理上的无法分离，就需要身体上的接近。有的女儿已经成年了，还要求与父亲同床而睡。当然这是严重情况。一般女孩会把父亲的形象投射到现实中的某个男人身上，这就成了“大叔控”。

恋父情结源于婴幼儿时期。一般认为，女人比男人柔弱，容易对身边的人产生强烈的依赖。一般来看，社会对女人的要求比男人低，父亲常常将女儿视为掌上明珠，百依百顺，犯了错也很少责罚。父亲对女儿婴幼时期的爱一旦变成溺爱，有时自己也意识不到，会使女儿在成年后仍过度依恋父亲。

其实女儿大多数恋父，按照自己父亲的标准来找男人属于是正常心理。但当恋父情结有违伦理时，影响到父母的感情和自己的生活时，就成了病态。

“妈妈，我长大了要娶你。”当妈的如果听到儿子这样的话，多半会心花怒放。这里面也隐藏着恋母情结的危机。恋母情结说的是，男人喜欢结交比自己大的女人，觉得这样才有安全感。从日常表现来看，恋母的男人做事都缺乏主见和独立性，对女性有恐惧之心。

同恋父情结一样，正常程度内的恋母对儿子的心理健康成长具有积极作用。如果男孩不恋母，女孩不恋父，就不知道该怎样做事，将来就不知道应该找什么样的对象，严重的会导致同性恋。心理学家指出，恋母、恋父情结的本质是相似选择和互补选择。以男孩为例，与父亲同性，在行为方式上选择和父亲相似。母亲为异性，这是互补选择。男孩与自己的父母形成了最基本的人际关系。恋母或恋父是最基本的人际关系，也是最早发生的人际关系。成年人的各种人际关系都受它影响，或者说都是它的变形。3~6 岁的小孩子，会出现恋母情结。但进入青春期后，孩子们会找到替代父母的人，产生友情和爱情。

单独说男人的恋母情结，它的形成还可能是因为父爱和母爱的不均衡。

一方面，父亲在中年时期，忙于事业，没有足够的时间照顾家庭。这就疏忽了对儿子的关爱和教育。儿子只好依赖母亲，过度依赖，就形成了成年恋母癖。

另一方面，男性往往需要承担更多的社会责任，他从小就被教育必须坚强。男人的一生要承受很多压力，经常内心焦虑。但是男人不会轻易对人诉说。如果一定要找个人诉说，这个人往往是母亲。因为父母可能会疏于和儿子沟通，也可能是出于“坚强教育”，有意不和儿子沟通。这样，母亲就成了一个很好的港湾。

有恋父或恋母情结，可能只是补偿心理在起作用。如果一个人小时候缺乏父母一方的爱，会渴望从另一方得到补偿。

独生子女对父母的过度依恋，也可能是出于对社会的恐惧。独生子女备受父母疼爱，含在嘴里怕化了，捧在手上怕摔了。而且，他们会被放在一个比较封闭的空间长大，造成了孩子的朋友只有爸爸妈妈。缺乏人际交往的独生子女，会越来越自我。当他开始踏入社会，比其他孩子更容易遭受挫折。在社会上碰壁越来越多，经常去父母那里释放压力，他们会更加依赖父母。

儿女长大，就应走出避风港，发掘自身的优点，克服拘谨，向社会表达自己，寻找适合自己的爱情。父母在异性子女对自己情有独钟而感到光荣的同时也应该更深入思考。

第十二章

从众心理

从众使你感觉安全

兔子在树林里听到一声“咕咚”，被吓了一跳，就开始边跑边叫“不好了，咕咚来了”。结果树林里所有的动物都跟着兔子跑了起来。当问及什么是咕咚时，兔子也不知道是什么。原来是木瓜掉进水里的声音。

其他动物都在随大流。随大流行为背后是从众心理。从众心理是人类的一个思维定式，是一个人在群体诱惑和压力下在认知、判断、信念与行为等方面与群体中的多数人保持一致的现象。虽然有时从众行为不是按照个体意愿做出的，但全是个体的自愿行为。

从众的最大动机是获得安全感。当一个人内心没有安全感，或者有挫折感时，一个群体对他来说就是巨大的诱惑。试想，当你夜间独自走夜路时，是不是多少有点害怕。但如果有一个人陪着你，你就会觉得舒服很多，安全很多。当你遇到挫折，是不是想有个伴在身边，他根本不用说什么，只陪伴就足够了。快乐的人会忘记危险，没有恐惧。内心安全的人一般也不至于聚众而共同实施行为。只有感觉不安和受挫的人，才有这样的欲望，其目的就是寻求安全感和发泄挫折感。心理素质低下、性格内向、自卑的人往往没有安全感，容易有挫折感，更容易从众。

当身边的群体人数足够多，或声势足够大，无论个体有没有安全感、挫折感，他都会面临巨大的压力。一个人的做法与众不同时，群体中一个人开始指责他，众人可能会纷纷指责。此时，尽管他可能深思熟虑，认定自己做得没错，但还是会改变想法，承认自己错了。反过来说，如果这个人最后顶住排山倒海般的压力，那他将获得来自内心的安全感。

大的群体和小的群体一样对人有诱惑，但还有另一种诱惑。一个人在大街上走路，看到一大群人在集中抢购什么东西，他可能也会参与。因为他会有意或无意地想，如果我不去，可能会错过什么对我有利的东西。当他想“我不去，是不是显得我太特立独行了”时，群体就会对他产生另一种压力了。

基于以上原因，人总是会加入某一群体，并实施同样行为。社会中孤独的个人为了更好地生存，自然而然地会形成一种依赖群体的心理。这种心理会促生一种被称为群集欲的愿望，不利于一个人独立思考和明辨是非。此时的心理就显得不健康了。

为什么人在群体中更容易被说服呢？因为人的个体本性，在群体中交互作用时，个人往往会体验到更大的不安感，情绪极容易波动。此时一旦有人向这样的群体提出某种指示，他们最容易接受。

当这个挑事的人挑起来的是好事时，群体就可以展现出强大的生命力和创造力。

一个企业盲目从众，也容易被吃掉或淘汰。《影响力》一书中说：“由于 5% 的人是原创者，其他 95% 的人都是模仿者，所以其他人的行为比人们提供的证据更具有说服力。”这股新生力量壮大后，自然要吞食仍在原地踏步的那个团队。这是更新换代的必然需要。木秀于林，风必摧之，但木可以长得更旺、抓得更紧，这样才能长久秀于林；堤高于岸，浪必毁之，但堤可以围得更高。

去个性化

有这样一类人，他们平日内向、凡事拘谨，一旦参加集体活动，其表现会使人眼前一亮。

性格内向的小张，几乎从来不在人前讲话，更不要谈唱歌。但是，一到演唱会现场，小张就变得极为活跃，就像换了一个人。他会和观众们一起，跟着明星的节奏，放声高歌。小张也不爱踢球，但在看足球比赛时，他也特别兴奋，手舞足蹈，呐喊助威。

在群体中的个体，不但会有新奇的表现，也会有令人吃惊的举动。

1952 年，费斯廷格、佩皮通和纽康姆进行了一个实验。他们将一批大学男生分成两组。A 组成员之间可以互相辨识，他们在明亮的教室里，身贴名签；B 组头戴面罩，互相不知道姓名，房间灯光昏暗。两组共同的任务是数落、批评自己的父母。结果表明，B 组成员对自己的父母毫不客气，肆意数落自己的父母，充分表现其对自己父母的厌恶与不满。实验结束后，问所有被试者愿不愿意再次议论自己父母的不是。B 组比 A 组更愿意。

以上两例，都体现了去个性化的作用。去个性化就是使一个人看起来不显眼。去个性化的一个方法是融入群体。

同样是去个性化，同样都是一反常态，为什么有时是积极表现，有时是负面表现？只要能探究出去个性化给个体心理带来的影响，就可以得到答案。

心理学上的去个性化，是指埋没于团体中的个人，个人意识会极度淡化。个人意识淡化以后，他就会做自己喜欢又不好意思做的事，因为周围不会有人认出自己。不好意思做一件事，有可能是忌惮于人际关系，比方说会不会打扰别人，会不会令人讨厌。

去个性化最早是由法国社会学家 G. 勒邦提出的。他指出，在某些情况下，融合于群体之中的个体会丧失个性，甚至丧失自控力，做出反规范的举动。也就是说，有些行为单独不敢表现出来，是因为社会准则对个体的约束，或者说是个体的行为准则。为此，他会一直抑制自己非常规的甚至暴力的想法。在群体之中的“爆发”，实际上是一种压力释放。所以，从社会角度说，称去个性化为“去抑制化”更为合适。

那么，为什么人群会导致去个性化呢？只要在群体之中，就一定会去个性化吗？“匿名性”和责任模糊是去个性化的两个条件。

去个性化是一个人自我意识下降、自我评价和自我控制能力降低的状态。此时他的行为会豪放甚至粗野。要降低一个人的自我意识，最好的办法就是使他不可辨识，也就是匿名。回到上面的实验，戴面罩的B组成员，其实不就是匿名了吗？

去个性化对于个人大多时候是有益的，它可以缓解压力、调节情绪，甚至可以改变性格。但通过上面的例子，我们发现，去个性化也可能对社会造成危害。生活中也存在此类现象：破坏公物、乱倒垃圾、足球流氓等。匿名的人认为别人看不到自己，即使看到也不知道自己是谁，所以自己是安全的。

在群体中，人的个人意识会变得薄弱，容易受人影响。他会安心地融入团队，不会注意周围的人对自己的看法。有些害羞的人平时不敢大声歌唱，但是去看演唱会时，在群情激昂的环境中也会放声高歌。我们会不由自主地服从大多数人的意志。当多数人站起来，我们也站起来；当多数人鼓掌的时候，我们也随之鼓掌。如果不跟着多数人的行为，就会显得孤立。大家为了得到接纳和赞赏，都希望与群体保持一致。

作为管理者，应该避免去个性化的负面作用，也就是要使群体的责任细化、明确化，发挥其积极影响。我们以一个食品公司为例，一个生产车间可能有几十个人，如果人人不把卫生关，最终产品就没有质量可言，也无法追究某一个人的责任。但是，如果在每一个环节都设一个检查者，就会在第一时间发现卫生问题，及时纠正。事实上，这是代替群体中的个人进行自我监督和约束。同时，为了明确这些检查者的责任，可以给他们不同的工装，并使众人监督他们。这样一来，穿上工装就是担起责任。

三人成虎

动乱的社会环境下，流言容易传播。

战国时代，宋国有一个村庄，村里人吃水要到很远的地方。有一天，一个人在自家园子里挖了一口井。从此他就不用去老

远的地方打水了。他十分高兴，逢人就说："我在家里挖了一口井，省了很多劳力，就像是家里添了一个人一样。"这个消息传到君王耳朵里就变成了："听说咱们国家有一个人从地里挖出一个人来。"

传言、流言、谣言，都不可信。也许有一个真实的原型，但一开始描述和转述，就开始歪曲。原因是里面夹杂着个人情绪，传言者断章取义，删减加工，重新编排。人在接收信息时，会有选择地接收自己接受的和关注的。在转述时，也会着重渲染这一部分，并加上对自己有利的说辞或猜测。上述故事中，战国时代和宋国，就是考虑到完整性加上去的。可以说，所有的主观陈述都具有利己性，都不可全信，甚至辗转次数过多，会全不可信。

曾子的故事可以说明，多次重复的谣言会变成事实。

曾子名叫曾参，是孔子的学生。他品学兼优，是一个孝子。一天，他告别母亲，去齐国办事。齐国有一个和曾子同名同姓的人。曾子到齐国不久，这个人因打架斗殴被官府收押。曾子的一位师弟不明就里，急忙跑去告诉曾子的母亲说："曾子在齐国杀死了一个人，被关起来了。"曾母说那不可能。过后邻居也过来这样告诉她。曾母仍说不可能。不一会儿，又来了一个报信的人，他说："曾子杀人了，您快躲一躲吧！"曾母开始动摇了，最后在怀疑中从后院逃跑了。

这个故事流传下来一个成语——曾参杀人。另外还有一个类似的故事叫三人成虎，也是指因为说的人多，人们将谣言当作事实。之所以会三人成虎，是因为信息累积会形成心理暗示。心理累积暗示有一定的力量，它可以改变一个人的信念。完成信念转变的过程好像无影无形，其实是量变累积成质变。

我们被迫相信谣言，不只是因为多次重复。开篇说到，动乱的社会环境下，流言容易传播。社会动乱，人心思定，一直不能定，就需要时不时地有所安慰，或者把动乱的流离之苦转移到其他地方。谣言就起到了这样的作用。谣言就像第二次世界大战中士兵赖以消遣的扑克，没有它，可能无数人没有死在战场，却死于无聊和艰苦。

第十三章

职场心理

是我们自己给周四下的魔咒

统计显示，周四是事故多发日，其平均事故发生率比其他四天高出 2.03 倍。在周四，有人犯了个小错被老板一顿臭骂，或者感到状态不好无心工作。这一现象被称为星期四效应，或周四魔咒。

作家兼哲学家杜利奥曾说：“没有什么比失去热忱更让人垂垂老矣。”心理学引用他的话，提出了杜利奥定律：当一个人精神状态不佳的时候，所有事都会处于不佳的状态。

看来周四之所以多事故，是因为人在周四这天精神状态不好，而周四本身并没有什么魔力或不吉利。之所以周四精神不佳，是因为心情没有着落和焦虑。五天工作日中，只有周四这天处在一个“前不着村，后不着店”的位置。五天的心理规律是这样的：周一进行状态调整，周二进入佳境，周三开始紧张、焦虑，周四大大不安，周五是一周中的最后一个工作日。所以，人在周四这天，身心疲惫，渴望假期，但又觉得假期遥不可及。这致使对工作漫不经心，没着没落的。

除了精神状态，周四给我们的心理暗示也是使它事故多发的一个原因。就像外国人不喜欢数字 13 一样，中国人十分避讳数字 4。

因为 4 和“死”谐音。周四本身没有吉凶，而人会主观赋予它不吉利的象征。这其实是一种暗示。就算五天每天的精神状态都很好，我们如果在周四这天出点差错，也会比其他几天记忆深刻，同时又加深了周四不吉利的印象。

杜利奥定律一般适用于老员工。新员工每天都充满斗志，他们不会在意今天是周三还是周四。

经过心理和生理上两天周末的休息，周一的适应变得比较困难。很多人会有头晕、健忘、无法集中注意力等病征，也就是“星期一综合征”。周二的工作效率最高，很多人也喜欢在这天加班。如果过于自信，对后来三天的进展估计得过于理想，可能会拖延，给周四埋下隐患。周三是周四的前期，精神状态开始下滑。周五时，也许还有许多前两天留下的七零八落的尾巴，但是看到了周末的光明，会在疲惫中兴奋起来。

不仅仅是员工，以星期为周期活动的人也可能有这个毛病，比如学生。

那么，如何让自己安然度过周四呢？如何高效地利用每一天呢？

首先，要让自己忙碌起来。人只有在忙碌的时候，才会没有时间来感受。可以在周四对一周的工作进行总结，并做下周的计划。其次，积极的自我暗示来克制周四的不吉利阴影和焦虑情绪。可以这样反复告诉自己：“一直这样下去，肯定会出事的，还是打起精神来，过好这一天吧。”最后，理性看待假期，劳逸结合。这样周一综合征就基本消除了。

职场谨防过度攀比心理

同类事物相比较是我们认识世界、改造世界的重要方法。但如果太在意比较的结果，或只关注比较本身，我们可能会看轻自己，看错别人。

所有的概念都是相对的，尤其是数字概念。如果你今年的收入是 30 万元，会高兴还是失落？不同的人有不同的回答， 要看人的目标收入是多少。完成目标，自然应该高兴；没有达到目标，可能在大众眼里 30 万元是个不小的数目，但对他而言，却高兴不起来。

职场中有一个现象，那就是当老板涨工资之后，会有人提出辞职。原来老板“偏心”，给每个人涨工资的幅度各不相同。有的人月薪涨500元，有的人涨1000元，涨500元的人自然无法理解为什么“冷落”自己。如果心中的疑问得不到回答，他就会胡乱猜测：是不是老板对我有意见？有人背后打小报告？这样的猜测是要不得的，如果传到上级耳朵里，不用自己提出辞职，他们也会解雇这样的员工。事实上，差等幅度涨工资是合理的激励手段。教师们都知道因材施教，因为每个学生记忆力、理解力、兴趣所在各不相同。企业管理者当然也明白这一道理。就算在同一岗位，做一模一样的工作，不同工作业绩的人存在工资差异也不过分。说到底，是人和人不可能完全一样。

这样空洞的道理，每个人可能都明白，可就是控制不住自己不平稳的心理。那为什么人们这么喜欢攀比呢？开篇已经说到，我们认识世界、改造世界，对事物进行比较是一个重要的方法。世界当然也包括自己。我们不认清自己、改造自己，就无法正确认识世界、改造世界。有两个方向的比较，即纵向比和横向比。纵向比是同一个体对时空线轴上不同点的状态进行比较，横向比是同一点上不同个体之间的比较。纵向比就是对自己的反思。只有清醒地反思自己才能进行横向比。也就是俗话说的，知道自己几斤几两，就不会造次。如果比较之后，出现心理不平稳，一定是我们比错了，也就是没有进行足够的反思。反思是一个人心理强大的开始。

比较越是丰富、深刻，我们越能认清自己和世界。

纪伯伦说：当我为没鞋穿而哭泣的时候，却发现有人没有脚。

80 后绝对不会嫉妒 60 后的成就。

有的人越比越贪婪，有的人越比越知足。

生活中很多方面都存在比较。饮料一类的商品，大份与小份成本差别不大，但定价却相差甚远。大杯咖啡 19 元，中杯 14 元，小杯 12 元。大部分人选择中杯。这是咖啡店在利用人们自然的比较心理。大杯咖啡设计出来，不是拿来卖，是为了衬托小杯的实惠和中杯的合理。人在比较之后，往往会选择一个中庸的选项。我们还讲幸与不幸，损失与获得，这些都是在比较。

比较心可以是自觉的，也可以是不自觉的。只要我们还在生活、在进步，就要进行纵向和横向的对比。对比可能会使人产生心理压力，进而引发消极心理，但再深入比较一步，这些消极心理都会被抚平。

员工跳槽，有一部分是管理者的原因

按照职场流行的说法，什么工作都要熬，工作经验非常重要，频繁跳槽是不明智的。不能否认其合理性，但是，如果一个企业管理者不能给员工营造良好的工作环境，可能员工最终不得不跳槽。

员工本人才是企业的生命。如果非要具体说出一点，那就是员工的归属感和幸福感。能力和经验固然重要，但那不是前提。试想，你用 5 年时间培养一位高精尖的人才，但是他感到在你麾下十分压抑，势必要跳槽。而此时，你也不能怪他是白眼狼，是你自己缺少人性化。

现在世界的中坚力量，依然是 70 后，但是已经被 80 后接手大半。常常听到企业管理者这样感慨：遇到 80 后、90 后，我十几年的管理经验都清零；现在 80 后的就业观念与以前人有很大不同，跳槽频繁。

社会对 80 后的印象是：自我。这么说并不准确，深究起来，自我不是他们的成长过程中自发的群体表现，而是时代驱使的结果。也就是说，自我不是 80 后的专属，90 后也有，00 后也有；现代社会每一个人都有，古代社会的每一个人也有。社会管理人性化、企业管理人性化、产品设计人性化，这不都是为了照顾到人们的自我吗？当然，自我不能过分，它不是孤僻、不是自私、不是任性，而是合理地表达自己。相对于社会性而言，作为一个个体的人，自我是一种根本需要。在过去的社会形态下，自我也只是被压制，但从来没有泯灭过。现代社会具有空前的自由度，深埋于内心的自我必然要十分抢眼地显现出来。

如果要给“自我”下个定义，恐怕“要求体现自身价值”是最合适的。80 后选择职业的标准，就是能否体现自身价值。他们在面试时说的晋级空间，说到底也是如此。他们频繁跳槽，也是因为企业缺乏人性化的管理，不能体现自身价值。从这个角度说，80 后频频跳槽，是因为他们表达了个人的意志。

但是，职场和社会一样，复杂多变。在步入社会时，80 后的另一特性——理想化——可能会使他屡屡受挫。80 后多是独生子女，备受家庭和社会关注，其生长环境多是顺境，很少是从摸爬滚打中过来的。这就导致了他们多少带有一点理想主义。他们面对实际工作时必然会产生心理落差，如果不能自行调整适应环境，他们就会选择跳槽。

那么，什么时候 80 后才会觉得自身价值得到体现了呢？企业管理者应该怎样做，才能使他们有归属感和幸福感呢？答案是：理解、认同和尊重。如果他们得到了理解、认同和尊重，就会认为自身价值得到了体现，进而忠实于企业，同时受到极大的鼓舞，表现出空前的创造力和执行力。管理者具体的做法是：不对员工颐指气使；礼貌对待，不以级别压人；员工有建议，先表示感谢，如果建议好，还要表示赞赏；不差异化对待员工；和员工谈心。

第十四章

消费心理

为什么人人都喜欢物美价廉的商品？

人们都希望买到物美价廉的商品，所以这种心理被商家利用得最普遍。

一个下午，一位妇人来到一家衣服店。店员在前面的店铺打点，老板好像在后面整理账务。妇人转了一圈，看到一件卖不出去的貂皮大衣。问道："多少钱？"店员没有听见。妇人加大嗓门："这件衣服多少钱？"店员这才听到，抱歉地说："对不起，我耳朵不太好使，我也不清楚这件衣服的价钱，我帮你问问老板吧。""老板，那件貂皮大衣多少钱？""5000。""多少？"老板大声说："5000！"妇人人听得很真切。正要说价钱太贵时，店员回头来说："老板说3000块。"听到这话，妇人窃喜："哈哈，他听错了！"她害怕现在老板从里屋出来，就急忙付钱包好大衣走了。妇人一路高兴，因为自己足足省了2000块。

如果妇人知道"老板"和"店员"是亲兄弟，那件大衣已经半年无人问津了，恐怕脸一下子要变了。

有的不良商家故意以打折商品诱惑消费者，名为降价，实为抬价。"清仓甩卖，原价5000元，现在只卖3200"，其实原价

3000；将原价商品故意标为特价，同时显眼地标示出，“特价商品概不退换”，使消费者相信这是最实惠的价格；在打折或特价区域穿插摆放原价商品，顾客不能仔细看每一个标签，就算在结算时发现，也因为好不容易排上队，只好作罢，怪自己没有看清楚；特价商品按照原价结算，如果你在结算之前就发现，收银员可能会以“工作人员贴错价码”“货物摆放错货架”“你记错了”为由敷衍。但顾客大多不会发现，因为太相信电脑了。

某先生到音响店买音响。“这一套要多少钱？”“您好，这是新上的货，音效绝佳，售价3000。”“那边那一套呢？”“哦，那个是上个月剩余库存，现在卖2800，不过后天开始降价，卖2400。”“3000那套有优惠吗？”“目前没有，您有诚意，可以便宜100。”“两款有什么差别？”“一点差别也没有，只不过一款是新上市，一款是上个月流行的。”这位先生反复考虑之后，决定后天来买2400的那套，并交了400元订金。

这是对人们购买心理的利用。

实体店和自己同行竞争之余，又多了个重量级对手——网店。电商之间的竞争更为激烈，铺天盖地的店庆促销、节假日促销、套餐赠送、返现、团购等手段，层出不穷。

以上种种，都是在利用消费者追求物美价廉的心理。对当今的消费者而言，有太多商家优惠手段在等着自己。

追求物美价廉的心理本质是利己，用最少的付出得到最多的回报。其实，有些时候顾客要的不是便宜本身，而是享受优惠的感觉。悬殊的价格对比会使顾客享受优惠的感觉突显出来。以上面的买音响为例，便宜四百肯定比便宜一百给顾客的心理诱惑大。这也是店家的手段所在。现在完全不优惠的商品几乎没有了，当优惠成为普遍现象，消费者会关注优惠的比例。也就是说，给顾客一个心理比较，比单纯降价更能刺激购买欲，因为顾客会觉得那样享受到了大优惠。

物美价廉永远是大多数顾客追求的目标。但很多人只追求廉价，而忽略了物美。这在爱逛清货店和一元店的顾客身上体现得更为明显。有时候，他们不管那些东西自己需要不需要，有没有实用价值，都要买一两件回去。好像买到物美价廉的商品是一种能耐，可以在人前炫耀。如果能用较低的价格买到同样的商品，确实是一种值得炫耀的本事。但是，商品是买来自己用的，必须考虑到其实用性。有时还要计算时间成本，如果用一天的时间买了一件自己根本用不着的东西，肯定会懊悔不已。

顾客购物本身，有时不是在买东西，而是在买感觉。我们都知道，商品有它的固有价值和使用价值之分。固有价值是凝结在商品中的无差别的人类劳动，包括体力劳动和脑力劳动。这一价值是商品自己的，也是普通消费者的。当商品用来交换，到任何一个人手中时，就变成了使用价值。使用价值是属于消费者个体的。使用价值也就是满足个人需要的程度。相同的商品在不同人手中其需求程度是不同的。

除了以上两个价值，还有一个心理价值。心理价值是消费者的主观价值，随着心境而变化。无价之宝对于不需要它的人也可能一文不值。有的商品不用降价促销，用广告就可以抬高消费者对商品的心理价值。

当商家给自己的商品制造出物有所值和物超所值的感觉时，消费者就会受到商家诱惑。在这个基础上，卖家还可能会给买家制造一种心理压力，比如优惠有期限，促成冲动购买。从一定程度上说，这时的消费都是冲动购买，很可能都不具有客观理性。

免费体验可能是陷阱

也许有的人在免费尝试广告的诱惑之下，可以不行动，但总会有人心动。

免费体验这只是诱惑的开始。一旦人们进入了体验阶段，体验会产生更大的诱惑。产品体验是指用户对某一产品的印象、喜好以及相关心理反应。它是贯彻在对产品使用之前、之中和之后的全方位感受。一般卖家产品的外观好，消费者很容易得到满足，购买的欲望就会加强。为什么房屋中介不厌其烦地带我们去实地看房子，有时还让我们谈谈入住后会怎么布置？为什么汽车经销商乐意让我们试车？都是为了增强我们的体验感受，促成买卖。

商家鼓励免费尝试，也利用了消费者的人情对等心理。人们在交往过程中，一方付出物质或非物质的成本，就会形成一笔人情债，让对方产生负债心理，推动对方做出回报。这个逻辑就像欠债还钱一样天经地义。所以，绝大多数的生意刚开张时，会宣称免费一天，或送一些礼物。如果正式营业你不来，就觉得好像欠了商家一个人情。

以上两点可能还不会促成冲动消费，但如果与害怕损失的心理联系起来，就容易促成人们的冲动消费。

免费试用还给了消费者商品的临时使用权。以买衣服为例，店长会极力劝我们说："好不好看，合不合适，穿上看看就知道了。"当我们一穿上，发现它既合身又漂亮时，就会爱不释手。这种拥有是短暂的，但是对消费者的心理冲击很大——我们太舍不得就这么放走它了。在接下来的讲价中，虽然价钱高，我们可能会用“衣服确实不错，贵了点也值”来说服自己，最终下狠心把它买下来。如果店长在我们犹豫不决时怂恿说：“这衣服材料做工都是一级棒的，绝对值这个价。”我们甚至可能会认为“我的”这件衣服应该卖个更好的价钱。

卖家把短暂使用权抛给我们，这是一个陷阱。而我们全然意识不到，这很奇怪。更奇怪是，我们也会给自己挖这种陷阱。

有的商品还打出了“如果是产品故障，两个月内免费退换货”的口号，这使我们更加放心地买回家。但是，几乎没有买主会在免费退换期间退换。这又是为什么呢？只要我们把这样的商品买回家，就已经无形给自己设定了一个圈套。

买卖的实质是交换，买卖完成的标志就是一手交钱、一手交货。卖家交给顾客的是长期的产品所有权和使用权。有“限期免费退换”标识的商品，在交换之后，还暗含着后续的补偿性交换。也就是说，如果发现存在质量问题，作为补偿，买卖双方可以再交换一次。这次交换，要求用户先把产品的使用权和所有权交到卖家手中。但是我们对自己占有和使用了很长时间的东西，会产生虚拟的永久所有权，特别不舍得转到别人手中。这种虚拟的永久所有权，就是我们平常说的对某一事物的“感情”。客观地说，我们对任何事物的占有和使用都是暂时的，最终都不是自己的。但是，人总是对“自己的”东西有过度的热爱、迷恋、重视，对它的价值评估超过了其实际价值，舍不得再转交到别人手中。

可见，追求物美价廉的心理是导火索。一旦我们被引诱到“免费体验”的商品面前，就容易造成冲动消费。

购买欲从何而起？

最理性的消费应该是，生活中产生对某一产品的需要，在心里确定具体要求后，去买卖场所以合适的价格买回来。我们对产品的购买欲，应该来源于对它的需求。

可是，我们的消费有时会没有多少理性。各种因素都会影响购买欲，比如广告和品牌，而我们就像铁块，会不自觉地被它们吸引过去。这是心理暗示在起作用。它的过程一般比较慢，还有一个最容易产生影响的因素，那就是别人的购买行为，尤其是抢购现象。

见到别人在消费一种东西，自己也不由自主地凑上去，其中原因不是简单的从众心理。在消费者这个大群体中，有一个潮流方向的问题。当“韩潮”或“英伦风尚”流行时，有没有想过，潮流是一群人同时掀起的，还是由一个人带动的？答案是后者。众人难以同时取得一致，只能是一个“始作俑者”，然后其他人开始一个个附庸过来，最后一群一群附庸过来。现在网上推销都会用“某某明星同款”来吸引眼球。可见，一个名人偶尔的穿着打扮，极有可能引来众人效仿。现在以时尚为主题的公司也不在少数，其中一个权威人士的猜想，都可能会变成潮流。

其实，这种现象在我们日常生活中时有发生。如果有一道题不会做，我们首先想到的是，问问曾经遇到过这道题的同学。出门吃饭，发现路两边的小摊都合自己的口味，正发愁去哪一家的时候，另外其中有一家顾客特别多，此时我们就会很自然地走向人多的那一家。

心理学认为，能够在某件事情、某个观点或某种行为上影响他人的人，一定与他人在该事情、观点、行为上站在同一个阵营。如果要影响他人的行为或思维，可以利用这一原理，先培养自己的一个“托儿”，然后让他进入你要影响人的阵营，通过“托儿”的带动来改变别人。比如在台下带头呐喊、吆喝、鼓掌的人，极有可能是现场效果负责人安排的人。因为从花钱开始到演出结束，他都和我们一样坐在观众席上。他的阵营就是观众。当他带头捧场的时候，真正的观众也会受到他的影响，做出捧场的举动。推销中，这种方式称为恰当地使用证人。这个人可能是真正的证人，并不是推销员一个阵营的，但能起到带头的作用。当人们不能准确地对自己所持有的信息作出判断，或者心中不确定因素占据主导位置时，人们往往更容易受其影响。

一个的人行为受另一个人的影响，这叫作示范效应。消费的示范效应是这样的：消费者对某些商品的需求，受其他消费者对这些商品的需求的影响。当一个人不知道怎样做出选择时，其他人的选择就会成为范例。不过这样的效仿是很少有理智的。也就是说，我们只考虑到追随他人是最直接、最可能正确的方法，但没有想过，别人的方法于自己是否合适。

一个人的行为受一群人的影响，这叫作沉锚效应。沉锚效应说的是，人们的思维就像一条船。在做决策时，思维会被第一信息左右，第一信息就像沉入海底的锚一样把我们的思维固定在某处。很多人吃早饭，见到一家包子铺前面排了很长的队，也会跟着去排队，但是买来的包子可能并不是特别好吃。我们可以说这是从众心理，但不全是。一个人见到一家店的生意好，首先想到的是“顾客这么多，东西一定很好”。这是在给自己一种暗示，也就是第一信息。我们往往会在后来习惯性地选择这一家店，而忽略自己的喜好。

总体来说，示范效应引领群体行为，沉锚效应固定群体行为，由二者任何一个导致的跟风行为都具有盲目性。所以，有些人看到别人的衣服漂亮，或是某款服装是今年的流行款式，就会不管自己穿上好看不好看，也要千方百计买一套穿在自己身上；新产品做活动时，会有一名体验顾客或“托儿”在旁边讲体验结果并购买；绝大多数娱乐现场，总会有领掌的人。

我们的行为当然要理智，要以行为对象是否满足我们的需求来决定要不要行动或给出评价，而不能只被别人带动。不过，上述两种效应似乎不能避免。说不定，当我们购买一件商品时，已经成了别人眼中的示范者，甚至可能引领某种潮流。

网购中更期待“福包”

所有的行为都是期待－行动－验证的过程，消费也不例外。当下十分流行网购，不夸张地说，在网上可以买到生活中的绝大部分产品。由于快递的参与，网购与普通实体店消费相比，拉长了期待的过程。有网购经历的人都会密切关注自己的运单，收到货品时，也会在期待和欣喜之中打开包装。这是对自己购买的产品本身的期待，属于人之常情。现在有的卖家推出一种福包的活动。福包中的商品卖家随机放置，买家只有在收到包裹时才会知道其中装有什么商品。然而，奇怪的是，与已知的主要产品相比，很多人更期待未知的福包。

这种福包就像一份神秘的匿名礼物，对接受者来说，它和圣诞老人的礼物一样，不可预知。现代的通信方式已经相当发达，很难想象十几年前，我们是怎样在煎熬与盼望中等待远方来信的。电影《阿甘正传》里有一句十分经典的台词：生活就像一盒巧克力，你永远不知道你会尝到哪种口味。我们本能地对外界未知的事物感到不安，但更多的是新奇和期待。人们因为期待产生行动，行动结果与期待的对比，产生了失望和满足的基本情感。所以说，期待是一个人强大的生活动力，也是很多情感的来源。

期待是一种思想活动，既促发未来事件，又归结于未来的结果。它是对自我价值的评估，或者对外界事物本身的猜测，以及对自己有利程度的评估。事件的过程也就是验证期待的过程。一般来说，人们心里都期待一个好的结果。如果结果超出期待，就会出乎意料地惊喜。如果符合期待，就有好奇心得到满足的喜悦。如果低于期待，就会失望。广义上讲，对事件结果的不良预期也是期待，不过是消极期待。如果结果真如预期的一样差，我们不会大失所望，相反有一种轻微的“果然不出所料”的成就感。

那么，期待从何而来，就是大脑想象的最终情形吗？期待不是纯感性的，它来源于经验，符合事实规律，也有理性的参与，甚至大多时候都出于理性。感性多于理性的期待会使我们的心境出现大的悲喜波动，而这种悲喜不见得是必然的。比如上述福包，我们需要的是产品本身，而不是那些可能用不着的东西。事实证明，大多是用不着的。有的人堆了很多没用的小玩意，却仍然乐此不疲，就是在享受期待的过程。在这个过程中，他们的期待就是感性多于理性的，也就是冲动消费，结果是浪费钱。另一方面，因为无论是喜出望外还是若有所失，都是强烈而真实的心理体验，很容易被大脑记住，可能会导致依赖甚至强迫心理。

改变说话的顺序，可以改变一个人的期待。心理学有一个有趣的冷热水效应。有一杯冷水、一杯热水、一杯温水。如果先把手放入冷水中，再放到温水中，人会感到温水很热。如果先把手放到热水中，再放到温水中，会感到温水很凉。生活中，先把失败的可能性说在前面，如果事情失败了，人们可能不会责怪负责人，因为心理已经有了准备，没有特别高的期待了。如果卖家这样先告知买家福包里装有什么，估计买家就不会出这个钱。

可喜的是，人类的期待会越来越理性，越来越客观。试想，原始人类第一次采集食物，由于没有经验，只以填饱肚子为准。他对采集量的期待就更为感性，很容易失望或特别高兴。在 21 世纪，人类积累了几千年的生存经验，正常情况下，都会结合自己的需要和客观供给能力期待一种合理的结果。也许有人会问，理性期待就是绝对好的吗？缺乏悲喜的感情是不是违背天性了？理性期待更有益于心理健康，也不会因之缺乏悲喜。前面说到，符合期待时，人也会有一箭中的的喜悦；而未知的事物都有不可预知性，最终结果与期待结果总是会有差异的。理性期待只是降低出现差异的幅度和频率，感性期待则相反。

为什么越没有买到的东西越想买？

最近，李先生的车子总是出问题。于是，他决定买一辆新车。李先生在当地颇有名气，汽车销售公司听闻他想买汽车的消息之后，纷纷打电话来推销自己的汽车，说自己的汽车外观性能多么多么好，而李先生的车子已经破得不成样子了，早就该换一台了。这令李先生十分烦躁和反感。到了后来，不管推销员怎么夸耀他们的汽车，他就是不为所动。

此例中抬高自己、贬低别人的做法，已经造成了客户的逆反心理。

小杨新到一家汽车公司，当别人都铩羽而归时，他却主动请缨。他上门看了一圈李先生的旧车子，说：“我看您这部车还不算太旧，再开一年没有问题，现在就换了有点不划算。不如一年以后再说。”临走时，他把自己的名片留给了李先生。

此时的小杨是在化解或反利用李先生的逆反心理。过了两天，李先生给他打电话，订购了一辆新车。

我们都知道潘多拉魔盒，其故事大致如下：

人类没有火种，一直饱受寒冷和黑暗的苦难。普罗米修斯帮人类从奥林匹斯偷取了火种，给人类带来了光明和温暖，却惹怒了主神宙斯。宙斯惩罚普罗米修斯之后，还要惩罚人类。他让各神赋予一个少女所有的天赋和才能，并为她取名潘多拉（潘多拉的意思就是一切礼物）。他把潘多拉许配给普罗米修斯的弟弟耶比米修斯，并给她一个密封的盒子，叮嘱她无论如何都不能打开。他没有告诉潘多拉里面装满了疾病和灾难。来到人间的潘多拉在很长一段时间内都谨遵宙斯的告诫，但是天长日久，她终于忍不住打开了那个盒子。从此，人间充满了各种疾病和灾难。

心理学有一个潘多拉效应：小禁不为，愈禁愈为。越是不让知道的东西，我们越想知道。越是得不到的东西，越觉得它好，越要想方设法得到。越不让做的事，就越想做。

一个武林高手收了两个徒弟，但他用自己的威严，只让其中一个学习武功，另一个学其他边缘的东西。这个被“冷落”的徒弟，学习武功的愿望反而被强化，就在暗地里偷学。结果，三年之后，两个徒弟偶然动手，正式教授的输给了偷学的。

这些都是逆反心理在起作用。逆反心理通俗地说就是对着干。它是人们彼此之间为了维护自尊，面对对方的要求采取相反态度和言行的一种心理。它是一体两面的：越是约束，越想打破；反之，越是放纵，越想自我约束。约束和逼迫是一回事，推销员给顾客造成“不买就要蒙受巨大损失的压力”，顾客就会“就是不买，看看能有什么损失”。同时，天花乱坠的说辞也让人觉得虚假和反感。当客户被放任不管的时候，他可能反而会去关注你的产品，因为这样既削减了对立情绪，又使原来的购买欲望成为心理主导。男人追求女人也是如此，死缠烂打、百般讨好，对方不理你；有一天不理不睬，她可能反而会不适应。

每个人都有一些叛逆心理，都希望自己独立自主，不喜欢别人横加干涉。我们已经知道，青少年有一个叛逆期，那就是逆反心理的明显体现。人们面临终身大事时，更会有逆反情绪。如果一对情侣遭到家人强行拆散，他们就会本能地抗拒，变得更深爱对方。

为什么人会有逆反心理?

未知的事物对人更有诱惑力，或者说人更为好奇。越难得到的事物，在心里的地位和价值就越高。当心理需要得不到满足的时候，反而会更加刺激他强烈的需要。逆反心理正是人屈从诱惑或好奇心得不到满足的结果。

好奇心就是思维的敏感，对见到或听到神秘的未知事物，都想一探究竟。比如，上级安排一个任务，同时说“别问为什么，只管照做”，你自然会想，“为什么不能问？我偏要问会怎么样？”其实此时产生的是一探究竟的心理需要。这种需要经常被禁止或得不到满足，于是就有了逆反心理。逆反心理的实质是自己满足自己的心理需求。好奇是本性，逆反则具有强烈的情绪色彩。

我们再以电视剧为例，看看我们的心理需要是怎样被阻断和利用的。优秀的剪辑人员会在情节精彩的地方剪断，观众的胃口被吊起来，只好期待着下一集。

心理需要经常得不到满足，所以人总会有逆反心理。如果一个人长期或频繁地有逆反心理，可能会形成一种狭隘的心理定式和偏激的行为习惯。他可能变得特别固执，处处和人对着干，甚至不能客观地、准确地认识事物的本来面目。

人们做事情都会有自己最初的想法，不希望受到别人的限制。如果要改变他们的行为，就要先改变他们的想法，也就是消除其逆反心理。同时，如果我们产生了逆反心理，也要告诫自己，心理需求是必然的，而逆反则不必要。任何事情都有其大众化的规则，作为一个特殊的个体，应该自觉摒弃多余的好奇心。有的人善于利用激将法，我们也不能被激中，做出非理智的选择。有人用语言吊胃口，如果我们能够不为所动，就可以反客为主。

物稀不一定贵

在商品消费中，我们的虚荣心也会影响我们。

人们在消费中，有一种与追求廉价相对的心理，现实中表现为："不求最好，但求最贵"。很多时候，我们愿意相信，价钱高有高的道理，高档的销售环境就应该销售高价商品。更相信，消费得起高价物品，是一个人经济实力的证明。当自己的财力无法购买最高价的商品，就会在它和低价商品之间选一个折中档平衡一下。有的人当自己确实没有能力高价消费时，就会对高价产品本身、高价消费者产生羡慕之情。

凡此种种，无不透着两个要点：一是商品高价，二是内心虚荣。高价大多是因为稀有。一般的看法是，物品稀有，所以珍贵。但实际上是，人心虚荣，才会使物以稀为贵，甚至有时，物不稀也以为贵。虚荣是在内心体验尚未占有的事物或尚未发生的事情之后，产生的成就感和喜悦情绪。而真正的荣耀是建立在既成事实上的。事物本身罕见，不容易得到，容易失去，都可以说是稀有的。虚假体验稀有事物的成就感和喜悦情绪，比常见事物的更为强烈。所以人们会给稀有物品更高的评价，更会希望占有它、体验它。这就是物以稀为贵。有人曾设计一个实验，让大量参与者品尝同样的曲奇饼，其中一半参与者的曲奇饼罐子是装满的，另一半参与者的罐子只装了两片。统计结果显示，后者对曲奇饼的评价更高，获得的快乐感也更多。这个结果有力地证明了物以稀为贵的道理。

高档消费未必都是虚荣心在作怪。有一部分人就是有强大的购买力，而且是出于实际需要才自然买下的，而不是心理需要。如果人人都根据实际需要购物，那么商家就不会在高价商品上赚到大钱。只要不是很拮据，大部分人都有虚荣心下的高档购买欲。高价策略也未必都是推销高价商品，有时候只是为了突显中档品的“合理性”。以天价菜为例，人即使虚荣也不会去消费它，而旁边的中档菜肴虽然看起来价钱也不低，但相比更能接受，所以普遍有人来尝试。一条内裤四万元，排除冤大头的可能。它永远也不会卖出去，但是它仍有存在的必要。因为消费者的虚荣心不会泯灭，人们会因为它醒目的存在而记住这家店，进而购买其他相对合理价位的商品。最后，这家店既赚钱又赚知名度。

现在有一种概念销售。它利用人们的虚荣心，赋予产品本身没有的价值。比如商品房广告“盛世喧嚣，独享孤独的尊贵”；汽车，“说走就走，做一个世界的旅行者”；香水，“有品才有味”；名表，“准确地看见时间流走，才会分秒必争地珍惜”。此时，相关厂商已经不再出售实际的商品，而是卖一种概念，把品位、地位、境界这种心灵层次的东西附加在商品上，兜售给消费者。之前没有人给心灵的东西定过价，也无法定价，所以，商家可以定一个相对高一点的价位，消费者也愿意接受。

我们买高价品，不全是自己炫耀的，也有送礼用的。有些人特别爱面子，有时不喜欢，还是会冲着品牌或价位买下，以使自己显得不太寒酸，也让朋友心动，记住自己。其实朋友未必需要，要不然也不会有回收礼品的行当了。

随着社会进步、收入增加，人们的消费会逐步由数量和质量的追求过渡到对品位和格调的追求。现在的商品就可以分为两类，一类是非炫耀性商品，另一类是炫耀性商品。炫耀性商品不仅具有物质效用，还能给消费者带来虚荣效用。现在有的人会毫不犹豫地购买那些能够引起别人羡慕的商品。但对一个人而言，还是要量力而行，不能买了一部高档手机，一边痛哭没钱了，一边又如愿以偿地微笑。代价高于自己承受能力的虚荣，可以拒绝。

物以稀为贵永远正确，这是价值规律决定的。我们可以在物以稀为贵这一点上发散思维，指导自己的人生方向。新创造的事物一定是稀有的，也是珍贵的，我们就缺少创造性思维。所以，日常生活中，可以培养创造性思维，把这当成一种锻炼。为了提高个人竞争力，也可以储备一些稀缺的技巧和能力，说不定日后哪一天就有意想不到的用处。

只有看重的东西，才贵重。如果可以保持一颗平常心，平等看待任何东西，看透卖家的炒作和陷阱，就会减少很多冲动消费。尤其现在是市场经济，价钱应该是商品本身的价值决定的，而不是商家决定的。

“看走眼”背后的心理

2007年1月某天的早晨，小提琴家约夏·贝尔在华盛顿朗方广场的地铁站进行演奏。与平常不同的是，他身穿便装，像一位街头艺人。但是，有记者在旁边拍照。有的人驻足一分钟，有的人看一眼就走开。只有一个人停下脚步，一直聆听他的美妙音乐。后来，一位女士当场认出他来，并表示吃惊和不解。原来这是一场实验。

现场拍照的记者，是对行人的提示——眼前这位貌不惊人的小提琴手至少是一位大师。然而，约夏·贝尔还是被人们忽视。原因不全是人们太过匆忙。因为他没有穿着正式的服装，也没有站在舞台上，所以即使听起来十分悦耳，人们也不会给出天籁之音的高度评价，最多是“还不错”。如果在音乐厅，正式衣着，听众也可能会给出过高评价。

这个原因就是价值归因。它说的是，我们对事物的感知和评价，受到了一个先前心理定位的影响，所以有时并不是客观的。当我们遇到一个新鲜事物的时候，会或自觉或不自觉地根据现场情境——比如事物外表、所在环境——进行价值定位，体验后的评价会与这个定位符合。

自觉归因的情况容易理解，不自觉归因的情况会在简单的感知和评价中出现。请看下面的实验。

将一批学生平均分成两组，分别请他们先后品尝 A、B 两种啤酒。A 啤酒是普通啤酒，B 啤酒是在普通啤酒里滴入了两滴醋。不同的是，只让第一组同学品尝，不告诉他们B啤酒是加了醋的。相反，第二组告知。实验结果是：第一组学生认为 B 啤酒比 A 啤酒好喝，而第二组学生在喝 B 啤酒时，有明显皱眉表现。

当第二组学生听到 B 啤酒里滴进醋时，已经不自觉地，或潜意识里，给B啤酒下了评价。相比而言，第一组的评价是公正的，因为他们什么都不知道。那为什么后一组会有相反的结论呢？其实他们的感受是一样的。不过在评论时，后一组说了假话。当一个人提前知道某种事物的信息时，会自然产生相应的预期，在体验它之后进行评价时，其评价会与之前的预期保持一致，否则人会有一种背叛自己的感觉。如果人们事先认为某件东西是好的，体验后也没有大失所望，就会对它做出很高的评价。

多数人觉得专卖店的T恤就一定比地摊货好，香奈儿的香水比其他香水味道更加优雅迷人，都是因为日常已经接受了关于它们的价值信息，或者在归因效应下，或者自我预期，最终给出不真实的评价。不受这一心理影响的古董玩家，可以在地摊上找到一块极品璞玉，星探可以在群众演员中发现未来明星的光芒，老师可以发现任何一位学生身上的优点并因材施教。而总是自觉或不自觉归因的人，常常掉进了自己编织的骗局里无法觉察。

不自觉归因难以克制，毕竟发自潜意识。自觉归因却可以避免。我们购物时，可以不用唯名牌是购，唯专卖店是购。工作不顺心时，不急于归咎外界环境，而先进行自我反省。

图书在版编目（CIP）数据

刻意观察：看透简单行为背后的复杂动机/朱建国著.—北京：中国友谊出版公司，2019.9（2021.7重印）

ISBN 978-7-5057-4824-8

Ⅰ.①刻… Ⅱ.①朱… Ⅲ.①心理学－通俗读物 Ⅳ.①B84-49

中国版本图书馆CIP数据核字（2019）第181986号

书名 刻意观察：看透简单行为背后的复杂动机

作者 朱建国

出版 中国友谊出版公司

发行 中国友谊出版公司

经销 北京时代华语国际传媒股份有限公司 010-83670231

印刷 三河市宏图印务有限公司

规格 880×1230 毫米 32 开

8 印张 141 千字

版次 2019 年 9 月第 1 版

印次 2021 年 7 月第 6 次印刷

书号 ISBN 978-7-5057-4824-8

定价 39.80 元

地址 北京市朝阳区西坝河南里 17 号楼

邮编 100028

电话 （010）64678009